油气田地面建设工程质量监督与质量控制
常见质量问题及案例分析

中国石油勘探与生产公司　编

石油工业出版社

内 容 提 要

本书分上下两篇。上篇为常见质量问题描述及图片，以图片的形式列出了工程现场常见的质量问题。下篇为油气田地面建设工程案例分析，以工程质量监督检查过程中发现并处理的典型质量问题为素材编辑成案例，对工程背景、问题描述、问题分析、问题处理、预防措施及问题启示进行了阐述。

本书适合从事油气田地面建设、工程质量监督、质量管理的技术人员和管理人员参考。

图书在版编目(CIP)数据

油气田地面建设工程质量监督与质量控制常见质量问题及案例分析/中国石油勘探与生产公司编 . —北京:石油工业出版社,2011.3

ISBN 978 - 7 - 5021 - 8301 - 1

Ⅰ. 油…

Ⅱ. 中…

Ⅲ. ①油气田 - 地面工程 - 工程质量监督 - 案例 - 分析
②油气田 - 地面工程 - 工程质量 - 质量控制 - 案例 - 分析

Ⅳ. TE4

中国版本图书馆 CIP 数据核字(2011)第 029274 号

出版发行:石油工业出版社
　　　　　(北京安定门外安华里2区1号　100011)
　　　　　网　　址:www. petropub. com. cn
　　　　　编辑部:(010)64523562　发行部:(010)64523620
经　　销:全国新华书店
印　　刷:中国石油报社印刷厂
2011 年 3 月第 1 版　2011 年 3 月第 1 次印刷
787×1092 毫米　开本:1/16　印张:15.25
字数:388 千字
定价:108.00 元
(如出现印装质量问题,我社发行部负责调换)

编 写 人 员

第一章　建筑工程　　　　　　　　　　　　　　　　蒋　胜　林志军

第二章　管道安装工程　　　　　　　　　　　　　　刘润昌　路　军

第三章　静设备安装工程　　　　　　　　　　　　　　　　史贵生

第四章　动设备安装工程　　　　　　　　　　　　　　　　史贵生

第五章　防腐与绝热工程　　　　　　　谭建祥　袁汝松　路　军

第六章　电气及自动化仪表工程　　　　　　　　　苏冀中　孔令超

第七章　道路及桥梁工程　　　　　　　　　　　　　林志军　蒋　胜

第八章　焊缝无损检测　　　　　　　　　　　　　　　　　冯　元

序

  油气田地面建设工程质量从本质上保障着油气田生产装置的安全运行。在中国石油天然气集团公司"环保优先、安全第一、质量至上、以人为本"的安全环保理念下，如何提高工程质量管理水平和工程实体质量水平，减少工程质量常见问题和杜绝重大工程质量事故的发生，为实现油气田生产装置的本质安全提供保障，是从事油气田地面建设的建设单位、勘察设计单位、监理单位、施工单位、检测单位等各方责任主体及工程质量监督机构的广大工程质量管理人员深入思考和不断探索的课题。

  本书立足于实用性和指导性，以法律法规及标准规范的要求为基础，以影响工程结构安全和运行安全的关键部位和重要工序为重点，以提高质量管理人员对质量问题的检查、分析、处理能力为目的，以工程质量监督人员在工程现场发现并处理的质量问题为素材，以检查清单、问题图片和典型案例为形式，对工程现场监督检查重点内容的检查要点、常见质量问题的识别、典型案例的分析进行了精心的设计、整理和编辑。

  本书文字简练、叙述清楚、图片生动、案例典型，为从事油气田地面建设的建设各方责任主体和工程质量监督机构各个层面的广大工程质量管理人员提供了一本很好的工具书。通过学习，能够了解和掌握油气田地面建设工程质量控制要点和常见质量问题，给日常质量管理工作以启示；对照检查清单所列要点进行现场监督检查与质量控制，既能掌控全面又能抓住重点，提高质量控制实效，提高对质量问题原因分析、问题处理、问题预防的能力。该书必将为提高广大工程质量管理人员的技术业务水平起到积极的促进作用。

  在建设工程质量领域，质量是永恒的课题，而学习是提高工程质量管理和工程实体质量永恒的途径之一。希望从事油气田地面建设工程质量管理的广大人员，认真学习《油气田地面建设工程质量监督与质量控制清单式监督检查手册》和《油气田地面建设工程质量监督与质量控制常见质量问题及案例分析》,借鉴其现场监督检查和对质量问题处理的方式方法,不断提高自身的技术业务水平,为油气田地面建设工程质量的稳步提高和保障油气生产装置的平稳安全运行做出更大贡献。

2010 年 12 月

前　言

　　油气田地面建设工程是油气田企业开发建设的重要组成部分,工程质量是项目投产后安全、平稳、经济运行的基础。为提高油气田地面建设工程质量管理和工程实体质量水平,结合近年来油气田地面工程建设中常见质量问题及现行相关标准规范,组织有关专家编写了《油气田地面建设工程质量监督与质量控制清单式监督检查手册》和《油气田地面建设工程质量监督与质量控制常见质量问题及案例分析》两本书籍。本套书的编写有两个定位,一是实用性,即成为油气田地面建设各方质量管理人员的工具性书籍;二是创新性,即不同于其他"教科书"式的有关书籍,以检查清单、问题图片、典型案例等为主要内容。该书适用于从事油气田地面建设工程质量控制的建设、设计、施工、监理、检测等建设各方责任主体及工程质量监督机构的质量管理人员。

　　《油气田地面建设工程质量监督与质量控制清单式监督检查手册》共11章。本手册以"清单式检查"为思路,按照法律法规及现行标准规范的要求,对油气田地面工程建设中涉及结构安全和运行安全的关键部位、重要工序,以及建设各方责任主体质量行为的检查要点、内容进行了清单式汇总,涵盖了建筑工程,油气田集输及长输管道线路工程,站内工艺管道安装工程,静设备安装工程,动设备安装工程,防腐与绝热工程,电气安装工程,自动化仪表安装工程,通信工程、道路及桥梁工程以及建设工程各方主体质量行为监督检查要点等11个专业或方面。本册力求内容精炼、要点涵盖、数据准确,试图解决工程质量管理人员由于经验不足、习惯做法等原因所导致的在工程质量监督检查过程中不能抓住要点、检查项目不全等问题,提高监督检查实效,使其成为从事油气田地面建设工程质量管理人员的工具书。

　　《油气田地面建设工程质量监督与质量控制常见质量问题及案例分析》共上下两篇。上篇为常见质量问题描述及图片,以图片的形式列出了工程现场常见的质量问题。下篇为油气田地面建设工程案例分析,以工程质量监督检查过程中发现并处理的典型质量问题为素材编辑成案例,对工程背景、问题描述、问题分析、问题处理、预防措施及问题启示等进行了阐述。本册内容涵盖建筑、管道、静设备、动设备、防腐绝热、电气及自动化仪表、道路及桥梁、焊缝无损检测八个主要专业,力求问题图片代表性强、指示明确、表述准确,典型案例问题描述清晰、原因分析正确、预防措施得当,以发挥案例的启示作用,为工程质量监督及建设各方工程质量控制人员提供参考和借鉴。

《油气田地面建设工程质量监督与质量控制清单式监督检查手册》所列检查项目为监督检查人员对工程项目关键部位和重要工序的主要检查内容,不能代替相关标准规范。当同一个检查部位所列的两个标准数据不一致时,本书采用了要求较高的数据。本书所引用标准规范截至 2010 年 12 月均为有效版本,在使用过程中如遇更新,应按新版本执行。建筑工程所引用的标准均为国家标准,在实际工作中应根据设计要求确定是否采用地方及行业标准。

本书在中国石油天然气股份有限公司勘探与生产分公司组织下编写,得到中国石油天然气股份有限公司勘探与生产分公司领导的关怀和指导,得到石油天然气华北工程质量监督站、石油天然气大庆油田工程质量监督站、石油天然气川渝工程质量监督站、石油天然气冀东工程质量监督站、石油天然气大港工程质量监督站、石油天然气克拉玛依工程质量监督站及辽河油田无损检测有限公司的支持和配合,在此一并表示感谢。

鉴于编者水平有限,加之时间仓促,对书中错误和疏漏之处,敬请读者予以批评指正。

本书编委会
2010 年 12 月

目 录

上篇 常见质量问题描述及图片

下篇　油气田地面建设工程案例分析

上篇　常见质量问题描述及图片

本篇分为建筑工程、管道安装工程、静设备安装工程、动设备安装工程、防腐绝热工程、电气及自动化仪表安装工程、道路及桥梁工程、焊缝无损检测八章内容。合计 551 张常见质量问题图片及简要说明。

建筑工程分为土石方、地基与基础、主体、屋面及防水、装饰装修工程、工业构筑物及其他附属工程 6 节内容，共计 101 张常见质量问题图片及简要说明。

管道安装工程分为材料及管道附件验收、材料及防腐管的运输和保管、管道安装、管道焊接、管道下沟及回填、线路保护构筑物 6 节内容，共计 167 张常见质量问题图片及简要说明。

静设备安装工程分为储罐安装、容器类设备安装两节，共计 48 张常见质量问题图片及简要说明。

动设备安装工程共计 24 张常见质量问题图片及简要说明。

防腐绝热工程分为防腐、绝热、补口补伤 3 节，共计 96 张常见质量问题图片及简要说明。

电气及自动化仪表安装工程分为架空电力线路、电气装置、爆炸和火灾危险环境电气装置、接地装置、自动化仪表 5 节，共计 78 张常见质量问题图片及简要说明。

道路及桥梁工程分为道路和桥梁工程两节，共计 25 张常见质量问题图片及简要说明。

焊缝无损检测共计 12 张常见质量问题图片及简要说明。

第一章 建 筑 工 程

第一节 土石方工程

(a)

(b)

图 1－1－1 深基坑无支护,导致基坑边坡坍塌

图 1－1－2 回填土杂物过多

图 1－1－3 回填土未分层回填

图 1－1－4 基坑排水不畅,基土扰动

第二节　地基与基础工程

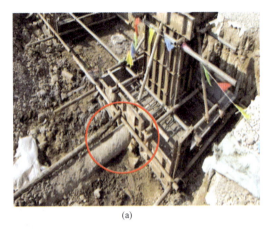 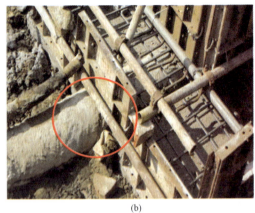

(a)　　　　　　　　　　　　　(b)

图1-2-1　基础下存在使用中的管线

(a)　　　　　　　　　　　　　(b)

图1-2-2　毛石砌筑无拉结石

(a)　　　　　　　　　　　　　(b)

图1-2-3　毛石基础"牛槽砌筑"

图 1-2-4　毛石组砌片石填芯

图 1-2-5　毛石砌筑砂浆不饱满,存在"孔洞"

图 1-2-6　混凝土表面蜂窝

图 1-2-7　混凝土外形尺寸偏差超标

(a)

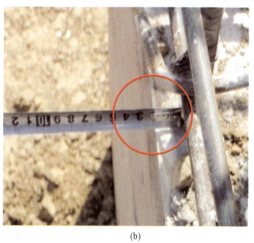

(b)

图 1-2-8　基础钢筋保护层偏差超标

(a)

(b)

图1-2-9 钢筋安装位置偏移、箍筋弯钩角度不足、施工缝留置不当

图1-2-10 基础埋地部分未按设计要求防腐

图1-2-11 灌注桩桩位偏差超标

(a)

(b)

图1-2-12 模板安装偏差超标

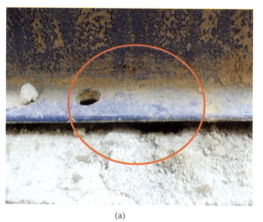
(a)

(b)

图 1 - 2 - 13　基础预留孔及预埋地脚螺栓位置偏差超标

第三节　主　体　工　程

一、钢筋工程

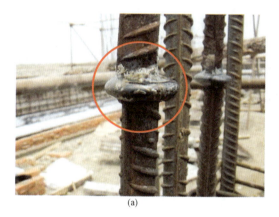
(a)

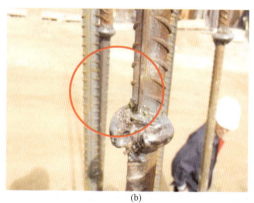
(b)

图 1 - 3 - 1　钢筋电渣压力焊接头偏心、焊包不均匀、咬边

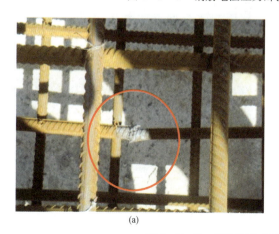
(a)

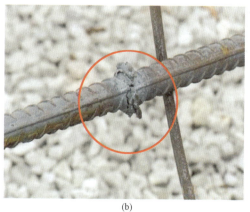
(b)

图 1 - 3 - 2　钢筋闪光对焊接头弯折、烧伤和裂纹

(a)

(b)

(c)

图 1-3-3　钢筋同一连接区段接头百分率超标

图 1-3-4　钢筋搭接长度不足

图 1-3-5　钢筋机械连接接头外露螺纹超标

图1-3-6　抗震设防地区箍筋弯钩角度不足135°

图1-3-7　钢筋位置偏移

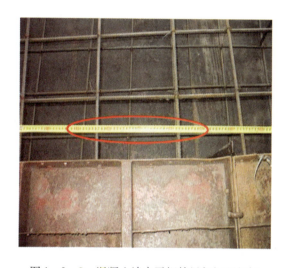

图1-3-8　混凝土墙水平钢筋局部间距超标

图1-3-9　悬挑梁受拉钢筋不应在支座处绑扎搭接

(a)

(b)

图1-3-10　钢筋保护层厚度偏差超标

图 1-3-11　壁板钢筋在转角处搭接长度不够

二、混凝土工程

(a)

(b)

图 1-3-12　混凝土拌制不计量

图 1-3-13　拌合用水采用未经处理的海水

图 1-3-14　混凝土骨料级配不当

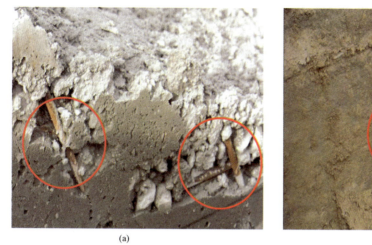
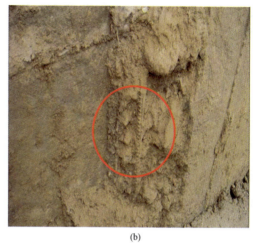

(a)

(b)

图 1 - 3 - 15　露筋

图 1 - 3 - 16　孔洞

图 1 - 3 - 17　局部内凹

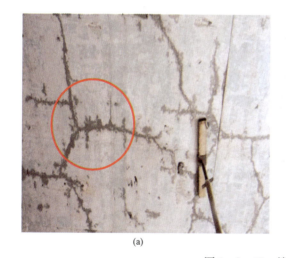
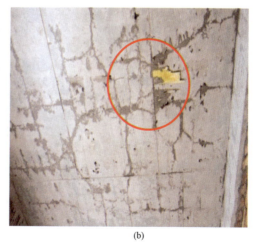

(a)

(b)

图 1 - 3 - 18　楼板裂缝，渗水

图 1 - 3 - 19 轴线严重偏移

图 1 - 3 - 20 基础偏移

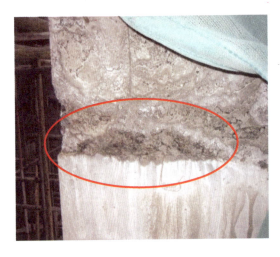

图 1 - 3 - 21 框架柱施工缝接头处漏浆、夹渣

图 1 - 3 - 22 楼梯现浇混凝土施工缝
接头处漏浆、漏筋、不密实

(a)

(b)

图 1 - 3 - 23 混凝土试件达不到标准养护或同条件养护条件

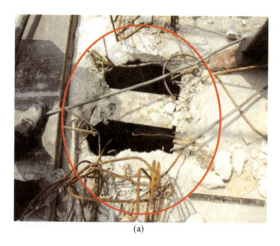
(a)

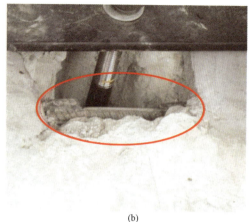
(b)

图1-3-24 后凿洞(孔)口破坏

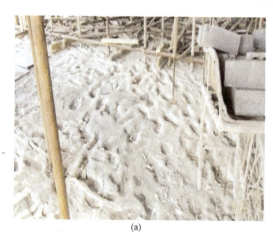
(a)

(b)

图1-3-25 施工人员野蛮施工使楼板凸凹不平,至使楼板厚度降低

三、砌体工程

图1-3-26 外墙转角留直槎致接槎不良

图1-3-27 纵横墙交接处留直槎接槎不良

(a)

(b)

图 1-3-28　砌体拉结钢筋埋入长度不足

图 1-3-29　构造柱钢筋位移

图 1-3-30　构造柱混凝土不密实,孔洞、露筋

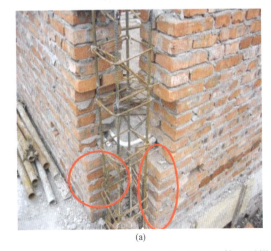
(a)

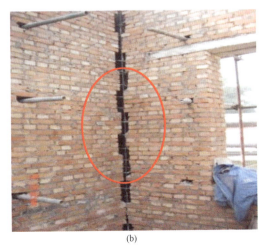
(b)

图 1-3-31　砌体马牙槎砌筑应先退后进,同退同进

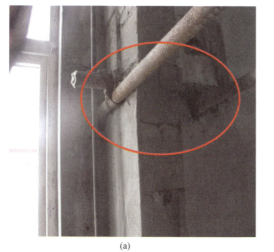
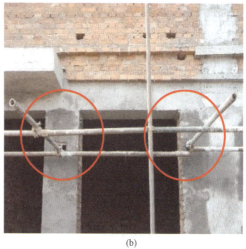

(a)　　　　　　　　　　　　　　　　　　(b)

图 1 - 3 - 32　门窗洞口两侧 200mm 范围内不得设置脚手眼

图 1 - 3 - 33　门洞口无过梁　　　　　　　图 1 - 3 - 34　过梁支座长度不足

图 1 - 3 - 35　砖砌体的水平灰缝砂浆饱满度不足 80%

四、钢结构工程

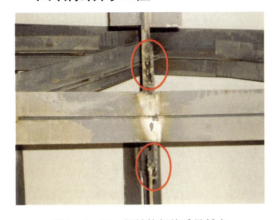

图 1-3-36 钢结构焊接质量低劣

图 1-3-37 支座安装未进行二次灌浆

第四节 屋面及防水工程

图 1-4-1 泛水及排水口防水做法不正确

图 1-4-2 管道根部泛水高度不足

图 1-4-3 屋面细部找坡不准确,局部积水

第五节 装饰装修工程

图 1-5-1 在砌体上安装门窗严禁用射钉固定

图 1-5-2 窗框与墙体间缝隙未采用
弹性材料填嵌

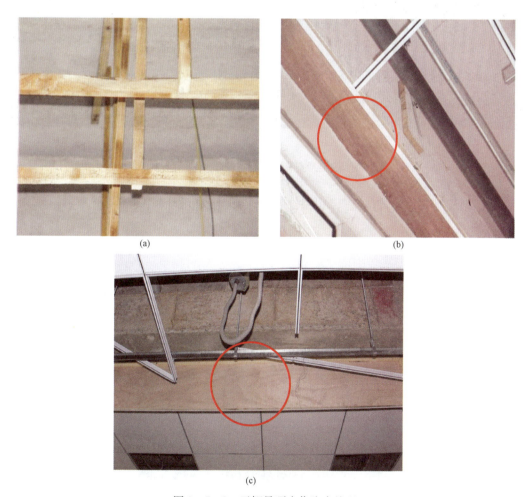

(a)

(b)

(c)

图 1-5-3 天棚吊顶未作防火处理

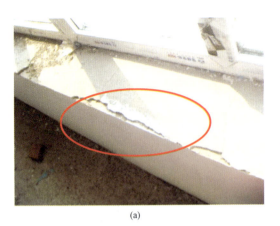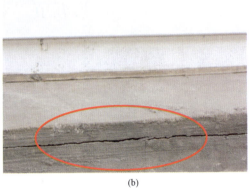

(a)

(b)

图 1 - 5 - 4　抹水泥开裂

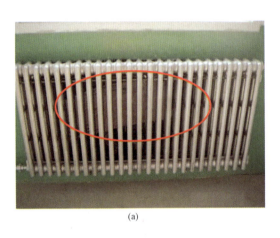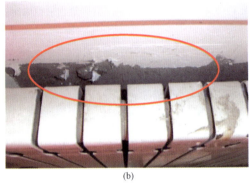

(a)

(b)

图 1 - 5 - 5　散热器安装距离墙体过近,且背后漏刷涂料

第六节　工业构筑物及其他附属工程

一、水池

图 1 - 6 - 1　池壁胀模

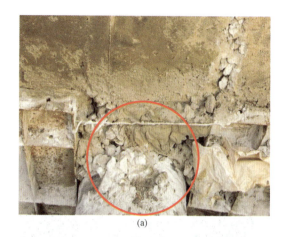
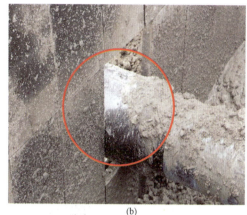

(a)　　　　　　　　　　　　　　　(b)

图1－6－2　穿墙管道无套管,混凝土不密实

图1－6－3　施工缝处预埋止水钢板外露宽度不够

图1－6－4　模板拉片止水环未满焊

图1－6－5　模板拉片未加止水环

图1－6－6　底板钢筋保护层厚度不足

图 1 - 6 - 7　水池渗漏

图 1 - 6 - 8　防水防腐构造不符合设计要求

二、围墙

(a)

图 1 - 6 - 9　砌筑砂浆应采用重量计量,机械搅拌

图 1 - 6 - 10　砌体接槎不良

图 1 - 6 - 11　变形缝未断开

第二章 管道安装工程

第一节 材料、管道附件验收

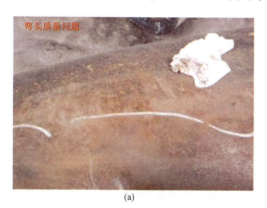

(a)

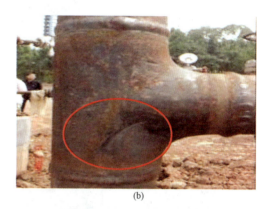

(b)

图 2-1-1 管件外观质量检查,发现明显划痕

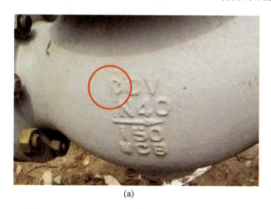

(a)

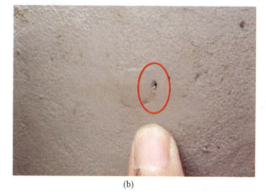

(b)

图 2-1-2 止回阀阀体标识存在打磨痕迹,阀体表面存在多处补焊与修磨痕迹,并存在砂眼、气孔

图 2-1-3 工艺管线表面有多处凹陷

图 2-1-4 不锈钢管道本体上存在碰伤

(a)

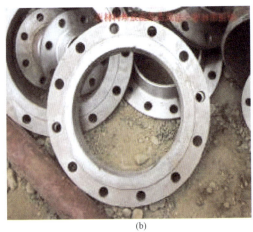
(b)

图2-1-5　现场材料管理混乱

图2-1-6　不锈钢管材与碳钢管材一起堆放

图2-1-7　不锈钢管件直接放在碳钢钢板上组焊

图2-1-8　试压合格后的阀门没有标识,阀门没有关闭,试压积水没有及时清理,不对管口及时进行封堵

图2-1-9　法兰放置在地面易造成密封面划痕、斑点,使密封不严

(a)

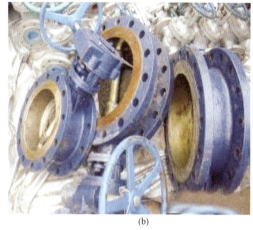

(b)

图 2 - 1 - 10　未对试压合格后运抵现场的阀门密封面进行有效的保护

图 2 - 1 - 11　阀门未进行有效保护

图 2 - 1 - 12　阀门内存积大量污物

(a)

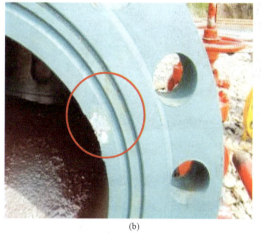

(b)

图 2 - 1 - 13　双作用节流截止阀门(PN6.3,DN300),其法兰密封面存在 10mm × 10mm × 3mm 的凹坑

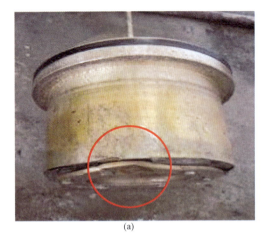
(a)

(b)

图 2 - 1 - 14　增压泵水击预防阀损坏

图 2 - 1 - 15　焊条不使用保温筒保温

图 2 - 1 - 16　保温筒盖敞开

第二节　材料、防腐管的运输和保管

图 2 - 2 - 1　材料管理无序,部分管件被水浸泡

图 2 - 2 - 2　管件随意扔在泥泞的地上,
现场物料管理混乱

防腐管直接堆放在石子上

图2-2-3　防腐管直接堆放在石子上,损坏防腐层

图2-2-4　防腐管底部未按规范要求铺加软垫

图2-2-5　弯头杂乱堆放,容易造成防腐层损伤

图2-2-6　管线码垛堆放场地积水严重

图2-2-7　线路布管不符合规范要求,容易造成管口损伤

第三节 管道安装

一、管道敷设

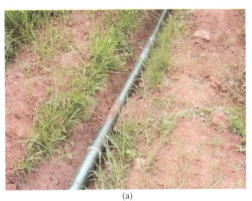

(a)

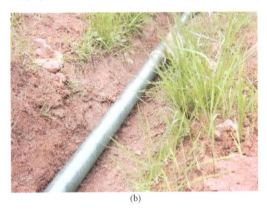

(b)

图2-3-1 输送污水用玻璃钢管埋深未达到设计要求800mm埋深，
实测最大埋深580mm，局部埋深不足100mm

(a)

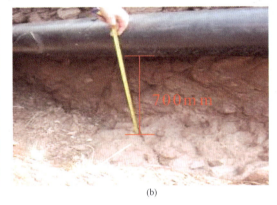

(b)

图2-3-2 管道敷设埋深不足

图2-3-3 输送污水用玻璃钢管道存在
悬空现象，且埋深达不到设计要求

图2-3-4 管道敷设在石块上

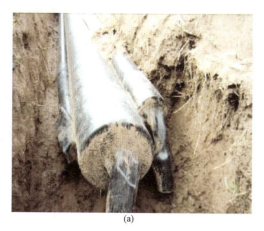

(a)   (b)

图 2 - 3 - 5　多管同沟敷设时,相邻管线净距过小

图 2 - 3 - 6　管道下沟损伤防腐层

图 2 - 3 - 7　施工时发现 PE 防腐层受到
严重损伤,明显可见环氧粉末涂层

图 2 - 3 - 8　临时性管口采取了有效封堵措施

图 2 - 3 - 9　待安装燃料气管线内部存在杂物

图 2 - 3 - 10　管道未进行有效封堵

图 2 - 3 - 11　河流定向钻穿越管线,牺牲套在拖管进洞前脱落,未起到有效的保护

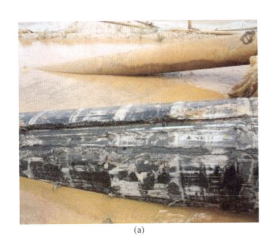

(a)

(b)

图 2 - 3 - 12　定向钻穿越拖管过程中,保护措施不当,对防腐层造成严重划伤

二、管道安装

(a)

(b)

图 2 - 3 - 13　管线采用斜口连接

(a)   (b)

图 2 - 3 - 14　玻璃钢管道强力安装,未加弯头

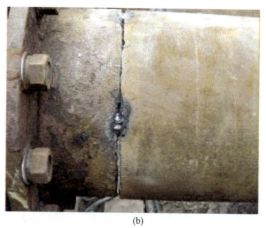

(a)   (b)

图 2 - 3 - 15　坡口间隙过大或过小,不符合要求

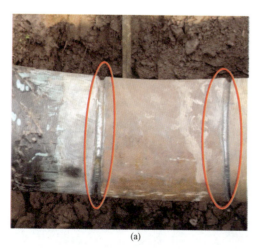

(a)   (b)

图 2 - 3 - 16　坡口打磨不平整,坡口两侧铁锈等杂物未清除

图2-3-17 未按照焊接工艺规程加工坡口,组对
没有间隙;未将焊缝两侧20mm的油污、铁锈等
杂物除去,并打磨露出金属光泽,不符合规范要求

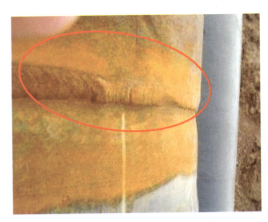

图2-3-18 锤击方法进行校圆

现场焊口采用火烤和
锤击等方式强行组对

图2-3-19 配管与设备连接,施工单位
采用了强力拉伸管线和用火烤法兰根部
并锤击使之变形两种方式强力组对

图2-3-20 站内工艺管道安装使用临时支撑

(a)规范安装

(b)不规范安装

图2-3-21 不锈钢管道与碳钢件固定支撑安装规范,但临时支撑与管线直接焊接

图 2-3-22　工艺管线与混凝土支墩标高冲突,管线
无法安装支托,无法开展后续防腐保温处理工作

图 2-3-23　工站内工艺管线无支墩,造成
管线悬空,不符合设计和标准规范要求

(a)

(b)

图 2-3-24　阀门安装法兰螺栓超长

图 2-3-25　管道焊缝间距太近,未按要求对
开孔进行补强

图 2-3-26　焊缝间距过小

图 2 - 3 - 27 管线安装垂直度超标

图 2 - 3 - 28 设备法兰连接螺栓长短不一

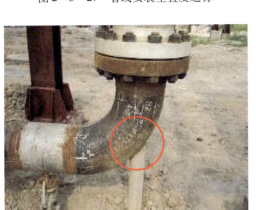

图 2 - 3 - 29 支架直接焊接在弯头上

图 2 - 3 - 30 未按规范要求预制管段,造成球阀单边悬空

图 2 - 3 - 31 站内工艺管线安装未按规范预制管墩,仅采用临时支撑

图 2 - 3 - 32 站场法兰连接螺栓未与螺帽齐平,螺栓非正常受力,易发生失效,产生泄漏

图 2 - 3 - 33　法兰连接螺栓选用过长

图 2 - 3 - 34　连接法兰不配套

(a)整改前

(b)整改后

图 2 - 3 - 35　分离器排污工艺管线水平度超标,大于规范 2L/1000 的要求

图 2 - 3 - 36　管道组对中心线偏斜量超标

图 2 - 3 - 37　低温管线支撑采用临时支撑

(a)　　　　　　　　　　　　　　　(b)

图 2 - 3 - 38　大型阀门的安装未事先预制相应的管墩

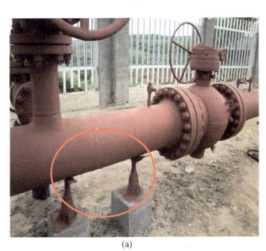

(a)　　　　　　　　　　　　　　　(b)

图 2 - 3 - 39　管托、支撑架安装位置不合适、没有支撑到位

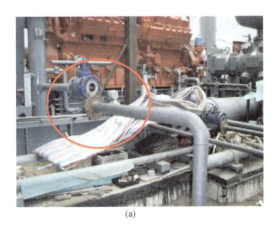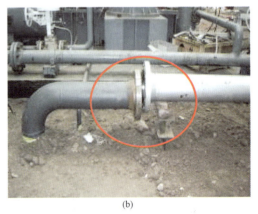

(a)　　　　　　　　　　　　　　　(b)

图 2 - 3 - 40　埋地管线由于回填前支撑不规范,同时未
严格执行分层夯实的规范要求,造成不均匀沉降

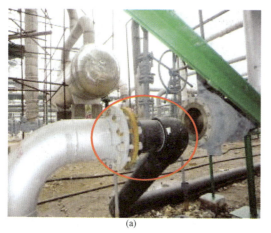
(a)

(b)

图2-3-41　工艺管道因未及时制作支墩和托架,造成连接部位错位严重

(a)

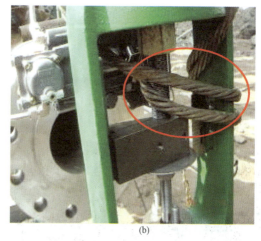
(b)

图2-3-42　吊装调节阀时钢丝绳捆绑在传动机构的丝杆上起吊,极易造成设备的损坏

图2-3-43　工艺管道设计存在设备不便
操作和维修的现象

图2-3-44　温度计斜插方向错误,
应逆着气流方向

(a)

(b)

图 2 - 3 - 45　试压用压力表已过有效期

图 2 - 3 - 46　工艺管道支管与主管垂直偏差超标

图 2 - 3 - 47　立管铅垂度偏差超标

(a)整改前

(b)整改后

图 2 - 3 - 48　蒸汽串管管端中心偏差超标

(a)整改前

(b)整改后

图2-3-49　蒸汽串管线垂直偏差超标

图2-3-50　承插三通直接将弯头承插在管线上

图2-3-51　承插式三通短节长度达不到要求

第四节　管道焊接

一、管道焊接

图2-4-1　管线组对未按照焊接工艺规程加工坡口，
组对未留间隙,管道表面熔合性飞溅未及时清理

图2-4-2　地线直接点焊在母材上,焊条
保温桶盖敞开,典型的"低老坏"行为

图 2 - 4 - 3　焊条不使用保温筒存放

图 2 - 4 - 4　临时工夹具焊疤未清除

(a)

(b)

图 2 - 4 - 5　焊缝未在当日一次连续焊完,焊道已产生锈斑

(a)

(b)

图 2 - 4 - 6　焊机接地线点错误连接方式,易造成母材损伤

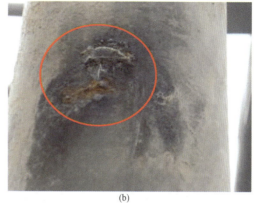

图 2-4-7 管壁上引弧烧伤管材

图 2-4-8 管道支架与焊缝间距过小　　　图 2-4-9 坡口角度不符合要求

二、焊缝质量检验

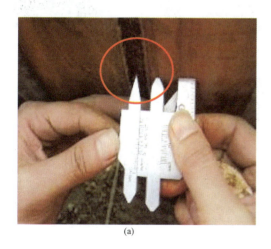
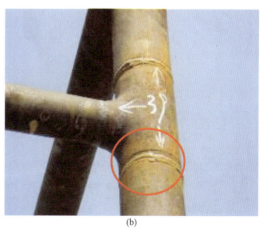

图 2-4-10 焊口焊缝低于母材(一)

图 2 – 4 – 11　焊口焊缝低于母材(二)

图 2 – 4 – 12　焊缝余高超标

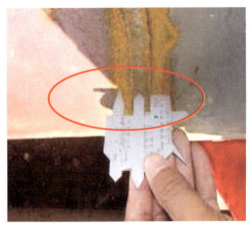

图 2 – 4 – 13　三通与管线组对后错边超标;由于内错边,焊接后焊缝根部存在未焊透缺陷

图 2 – 4 – 14　焊缝咬边连续长度超标

图 2 – 4 – 15　焊缝余高超标

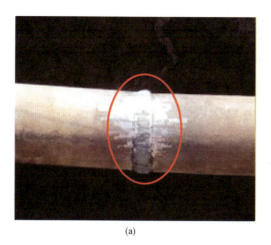
(a)

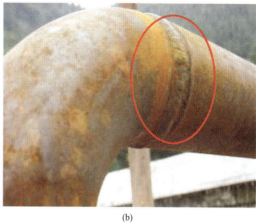
(b)

图 2 - 4 - 16　站内工艺管道焊缝错边超标

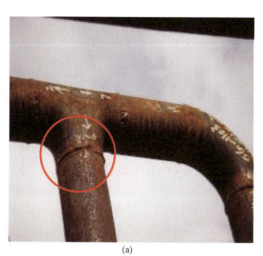
(a)

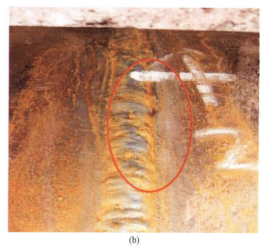
(b)

图 2 - 4 - 17　焊缝咬边深度超标

图 2 - 4 - 18　法兰配管焊接,内部焊瘤凸出严重

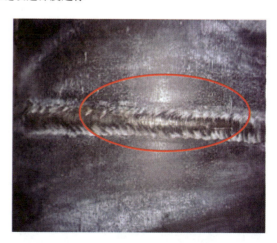

图 2 - 4 - 19　焊口存在表面裂纹

(a)

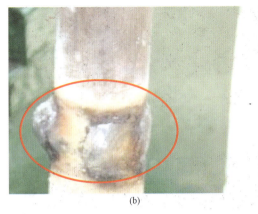
(b)

图 2 - 4 - 20　焊缝外观质量较差

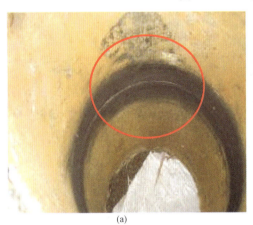
(a)

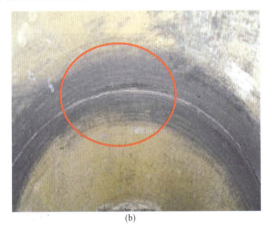
(b)

图 2 - 4 - 21　焊缝局部因错口造成根部未焊透

第五节　管道下沟及回填

图 2 - 5 - 1　管沟内积水造成管道浮管

图 2 - 5 - 2　管沟未清除石块等杂物,损伤防腐层

(a)

(b)

图 2 - 5 - 3　玻璃钢管道冲沟穿越未加钢套管

(a)

(b)

图 2 - 5 - 4　管道未及时稳管,致使雨后浮管

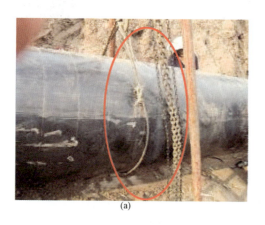
(a)

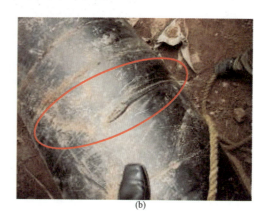
(b)

图 2 - 5 - 5　防腐管吊装未采取专用吊带,易损坏防腐层

图 2－5－6　管线的外防腐层与穿路套管直接
　　　　　接触,未使用绝缘支撑,套管端头未封堵

图 2－5－7　管线回填土粒径超标,且含有
　　　　　大量土石块,易损坏防腐层

(a)

(b)

(c)

(d)

图 2－5－8　热收缩带粘接不牢,且未及时回填,夏季易造成开裂现象

图 2-5-9 回填土粒径严重超标，
回填石块损伤防腐层

图 2-5-10 回填土中含大粒径土
石块，不符合规范要求

(a)

(b)

图 2-5-11 管段采用块石回填，且埋深不够

图 2-5-12 管道埋深不足，存在露管现象

图 2-5-13 穿越机耕道，管线埋深不足

图 2-5-14　工艺管道未按要求先用细土回填

图 2-5-15　管道埋深不足,穿越
溪沟处存在露管现象

图 2-5-16　管线穿越水沟处露管

图 2-5-17　挖掘机回填管沟时
造成管壁 PE 防腐层损伤

第六节　线路保护构筑物

(a)

(b)

图 2-6-1　挡土墙未使用水泥砂浆砌筑

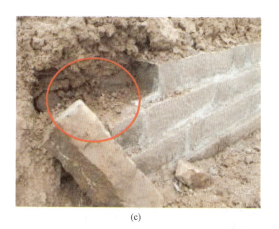

(c)

(d)

图 2 – 6 – 1 挡土墙未使用水泥砂浆砌筑(续)

(a)

(b)

图 2 – 6 – 2 挡土墙砂浆不饱满,条石风化严重

图 2 – 6 – 3 挡土墙泄水孔堵塞未进行清理

图 2 – 6 – 4 挡土墙局部滤水层采用
细土回填,容易造成泄水孔堵塞

图 2 - 6 - 5　挡土墙泄水孔不满足
设计 5% 的排水坡度要求

图 2 - 6 - 6　堡坎条石直接压在
管道上,未安砌过门石

图 2 - 6 - 7　堡坎砌筑不符合设计文件
规定,条石直接压在了管线上方

图 2 - 6 - 8　堡坎是在管沟回填土
上砌筑,未达到持力层

(a)

(b)

图 2 - 6 - 9　堡坎采用干砌,并局部垮塌

第三章 静设备安装工程

第一节 储罐安装

图 3-1-1 罐底板组对未对齐

图 3-1-2 罐底焊接收缩造成间隙过大

图 3-1-3 焊缝收缩、龟甲焊缝间隙太小

图 3-1-4 焊接表面凹坑及气孔

图 3-1-5 储罐边缘板焊接变形

图 3-1-6 安装罐壁板时罐底边缘板未焊接

图 3-1-7　焊接烧穿

图 3-1-8　焊道打磨过量

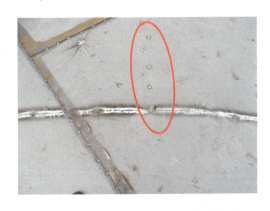

图 3-1-9　浮顶隔板焊接有烧穿、漏焊点

图 3-1-10　缺陷未清除焊接

图 3-1-11　焊缝夹渣

图 3-1-12　随意切断整体的预制构件

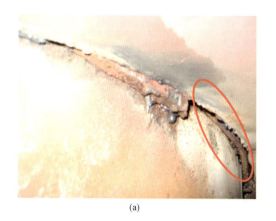
(a)

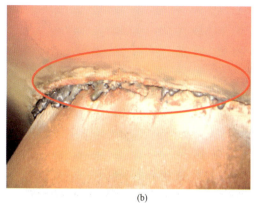
(b)

图 3 - 1 - 13　浮船船舱的筒体处角焊缝间隙过大无法焊接

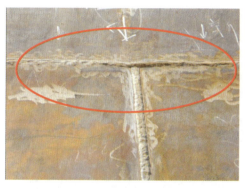

图 3 - 1 - 14　立式储罐罐壁焊缝外观不合格

图 3 - 1 - 15　立式储罐的储罐底板搭
接角焊缝焊接不饱满

图 3 - 1 - 16　焊道成型差

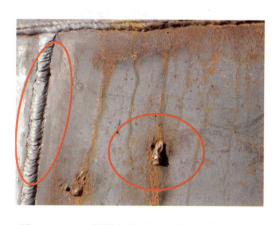

图 3 - 1 - 17　储罐安装焊疤未清理,纵焊缝咬边

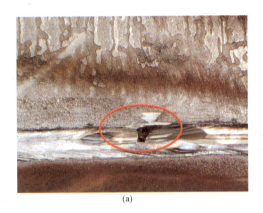
(a)

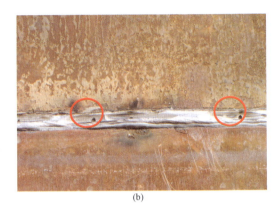
(b)

图 3-1-18　罐环缝存在气孔

图 3-1-19　储罐壁临措拆后母材损伤未修补

图 3-1-20　罐壁板强力组对表面损伤

(a)

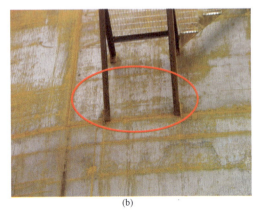
(b)

图 3-1-21　储罐盘梯支撑角钢焊在环缝焊道上

第二节 容器类设备安装

(a)

(b)

图 3-2-1 地脚螺栓顶在滑动支座螺孔内侧,鞍座无法滑动,外露螺纹长度过大

图 3-2-2 设备滑动端基础抹面将设备底座抹死

图 3-2-3 滑动端地脚螺栓长度不足,未加备帽

图 3-2-4 滑动板不涂润滑脂;
螺帽下未加垫片、未按规定倒扣

图 3-2-5 容器底座螺栓孔气割
扩孔且螺母不满扣

图 3-2-6　基础预埋件标高错误

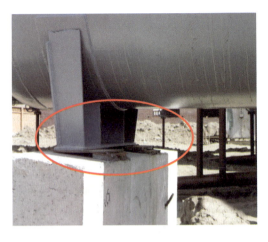

图 3-2-7　垫铁与底座接触面积不足

图 3-2-8　鞍式支座底板厚度
不够,焊接后底板变形

图 3-2-9　卧式设备支座变形

图 3-2-10　垫铁与设备底座焊在一起

图 3-2-11　垫铁外露超长

图 3 - 2 - 12　滑动板上安装垫铁

图 3 - 2 - 13　容器滑动端底座螺栓未涂油脂保护

图 3 - 2 - 14　不锈钢设备与碳钢管线直接接触

图 3 - 2 - 15　垫铁组数量不够

图 3 - 2 - 16　接管与筒体的补强圈未进行满焊

图 3 - 2 - 17　垫铁设置和数量不符合规范要求

图 3 - 2 - 18　垫铁摆放位置和数量不符合
规范要求、螺帽下未加垫片

图 3 - 2 - 19　立式设备斜梯与结构平台焊接

(a)

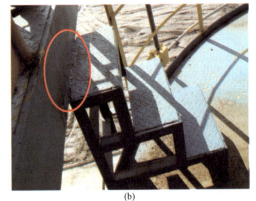

(b)

图 3 - 2 - 20　塔器梯子焊在平台与框架上,使设备无法自由伸缩

图 3 - 2 - 21　人孔吊杆严重变形

图 3 - 2 - 22　设备平台栏杆设计不合理,
造成人孔盖无法全部打开

第四章 动设备安装工程

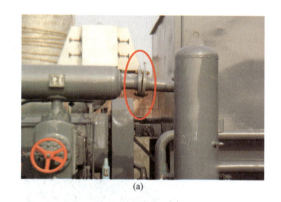
(a)

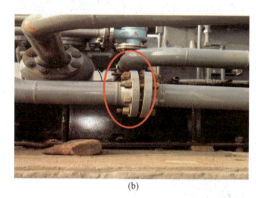
(b)

图 4 - 1 - 1　压缩机法兰连接歪斜

图 4 - 1 - 2　动设备基础加垫层找平

图 4 - 1 - 3　垫铁层高度超标；地脚螺栓距离预留孔壁过近

图 4 - 1 - 4　垫铁未靠近地脚螺栓

图 4 - 1 - 5　动设备地脚螺栓距孔壁太近

图 4-1-6 垫铁搭接长度不符合要求

图 4-1-7 垫铁未成对使用,外露长度过大

图 4-1-8 基础砂浆找平抹面后安装设备,
地脚螺栓距孔壁过近、不涂防锈脂

图 4-1-9 压缩机垫铁斜垫铁未配对使用,
垫铁组两侧未进行层间点焊固定

图 4-1-10 地脚螺栓灌浆不实、
垫铁与设备之间断续焊

图 4-1-11 地脚螺栓两侧无垫铁

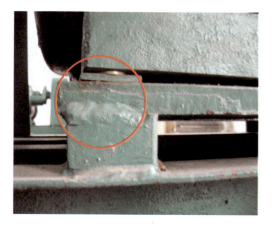

图 4 - 1 - 12　联轴器对中未采用正式调整垫片

图 4 - 1 - 13　地脚螺栓未涂油脂保护

图 4 - 1 - 14　螺栓超长,未涂油脂保护

图 4 - 1 - 15　垫铁外露底座超长

图 4 - 1 - 16　泵底座内未用混凝土灌实

图 4 - 1 - 17　地脚螺栓、垫片与底座接触不良

图 4 – 1 – 18 螺栓螺母不配套，
且底座采用气割开孔

图 4 – 1 – 19 地脚螺栓孔与基础预留孔偏差大

图 4 – 1 – 20 铁高度超标

图 4 – 1 – 21 垫铁未点焊隐蔽就进行
工艺配管施工

(a)

(b)

图 4 – 1 – 22 设备成品保护不力

第五章　防腐与绝热工程

第一节　防　　腐

图 5 - 1 - 1　管线涂漆前未除锈

图 5 - 1 - 2　现场管线防腐前未除锈

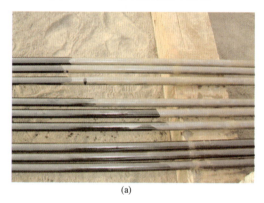

(a)

(b)

图 5 - 1 - 3　除锈不合格

图 5 - 1 - 4　管线埋地部分未除锈防腐

图 5 - 1 - 5　防腐层厚度未达到规范要求

图 5-1-6 钢板喷砂除锈不合格

图 5-1-7 钢板防腐层受污染

(a)

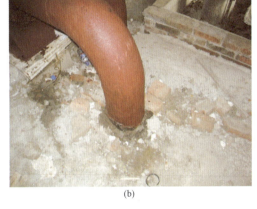

(b)

图 5-1-8 埋地部分管线防腐层未露出地面

图 5-1-9 穿墙套管未防腐

图 5-1-10 穿墙管线部分未防腐

图 5 - 1 - 11　管线防腐漆涂刷流坠起皮

图 5 - 1 - 12　管线防腐漆涂刷不均,杂物未清理

图 5 - 1 - 13　管线未刷防腐底漆

图 5 - 1 - 14　防腐管玻璃丝布沥青未浸透

图 5 - 1 - 15　管线及配件未除锈防腐

图 5 - 1 - 16　金属构件防腐不合格就进行隐蔽施工

图 5-1-17　投产不到半年防腐层鼓泡

图 5-1-18　漆膜龟裂

(a)

(b)

图 5-1-19　防腐层表面不平整、搭接不均匀、有褶皱

图 5-1-20　管端头防水帽与保护层脱开

图 5-1-21　管线组对焊接过程中管端防水帽损坏

图 5 - 1 - 22　防水帽剥离强度不合格

图 5 - 1 - 23　管端无防水帽

(a)

(b)

图 5 - 1 - 24　防腐层刮伤

图 5 - 1 - 25　冷缠带塑料膜未去除

图 5 - 1 - 26　冷缠带搭接长度不够

65

图 5 - 1 - 27　采用钢丝绳吊装,防腐层损坏

图 5 - 1 - 28　管线吊装带扭曲,利用窄带组对吊装

图 5 - 1 - 29　穿越管段石块损伤防腐层

图 5 - 1 - 30　管线组对焊接时用石块做支撑

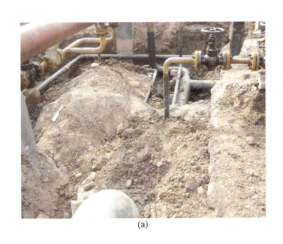

(a)

(b)

图 5 - 1 - 31　站内管线回填前未做电火花检测

第二节 绝 热

图 5-2-1 设备保护层自攻
钉固定不牢搭接处开裂

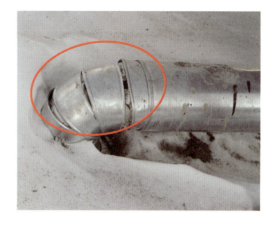

图 5-2-2 管线弯头处保护层开裂

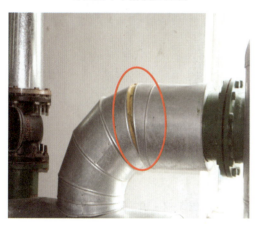

图 5-2-3 保护层开裂

图 5-2-4 保护层制作粗糙，
管线封头处保护层变形

图 5-2-5 保护层纵向接缝位置
下未处于水平中心线

图 5-2-6 镀锌铁皮不合格

图 5 - 2 - 7　保护层安装错误

图 5 - 2 - 8　保护层压扣方向不对

图 5 - 2 - 9　保温层不密实

图 5 - 2 - 10　保温棉不密实

图 5 - 2 - 11　水平管道保温层法
兰断开处未做密封处理

图 5 - 2 - 12　管道附件处未做密封处理

图 5 - 2 - 13　阀门保护层密封不严

图 5 - 2 - 14　三项分离器配管保护
层未做密封处理

图 5 - 2 - 15　保温层及保护层破损

图 5 - 2 - 16　保护层破坏严重

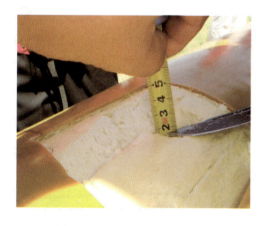

图 5 - 2 - 17　保温层存在空洞

图 5 - 2 - 18　管线保温层偏心

图 5 - 2 - 19　管线补口发泡不饱满

图 5 - 2 - 20　破坏保护层

图 5 - 2 - 21　管线保温成型质量差接缝处缝隙大

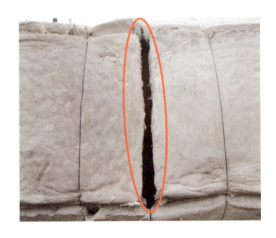

图 5 - 2 - 22　保温块间隙过大

图 5 - 2 - 23　硅酸盐管壳接缝未错开

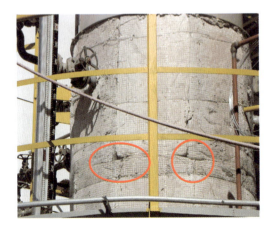

图 5 - 2 - 24　保温层未做严缝处理

第三节　补口补伤

图 5 - 3 - 1　管线补口除锈不彻底

图 5 - 3 - 2　埋地管线补口未除锈

图 5 - 3 - 3　管线补口处防腐前焊接飞溅未清理

图 5 - 3 - 4　管线补口处未除锈未刷防腐底漆

图 5 - 3 - 5　补口未除锈未刷防腐底漆

图 5 - 3 - 6　管道补口除锈不合格就刷防腐漆

图 5 - 3 - 7　石油沥青防腐管焊口两侧未防腐

图 5 - 3 - 8　补口防腐漆漏涂

图 5 - 3 - 9　搭接处未清理打毛

图 5 - 3 - 10　补口处表面未清理干净

图 5 - 3 - 11　管线补口处泡沫
未清理干净,起不到防腐作用

图 5 - 3 - 12　管线补口时未注意保护,
将黄夹克保护层烤坏,降低保护效果

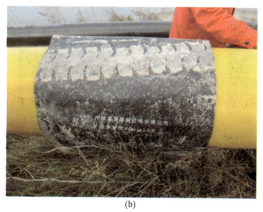

(a)

(b)

图 5 - 3 - 13 聚乙烯热收缩套污染,影响补口质量

图 5 - 3 - 14 防腐补口方法错误
防腐补口带型号错误

图 5 - 3 - 15 预制保温弯头连接补口搭接长度不够

图 5 - 3 - 16 用套袖管直接发泡

图 5 - 3 - 17 聚乙烯热收缩带与
原防腐层搭接宽度不够

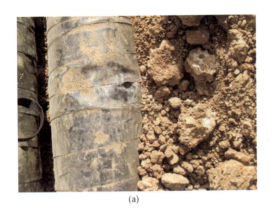
(a)

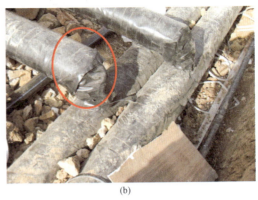
(b)

图 5-3-18　聚乙烯粘胶带防腐补口不合格

图 5-3-19　热缩套过烧,造成开裂

图 5-3-20　热缩套过烧,造成开裂

图 5-3-21　固定片粘接不牢固

图 5-3-22　固定片粘接不牢固

图 5 - 3 - 23　3PE 防腐补口剥离强度不合格

图 5 - 3 - 24　3PE 热收缩带防腐
补口剥离强度不合格

图 5 - 3 - 25　热缩套折皱

图 5 - 3 - 26　热缩套折皱

图 5 - 3 - 27　热收缩带暗泡、皱折、封口未熔合

图 5 - 3 - 28　聚乙烯热收缩套补口
外观存在折皱,带端开裂粘接不牢

图 5 - 3 - 29　补口带搭接长度不够

图 5 - 3 - 30　补口带搭接长度不够

图 5 - 3 - 31　补伤前未对表面进行处理

图 5 - 3 - 32　补伤前未对表面进行处理

图 5 - 3 - 33　补伤不合格

图 5 - 3 - 34　补伤材料错用

第六章　电气及自动化仪表工程

第一节　架空电力线路

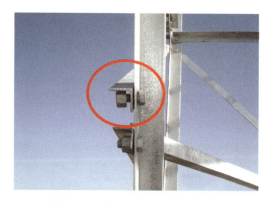

图6-1-1　铁塔连接螺栓未紧固

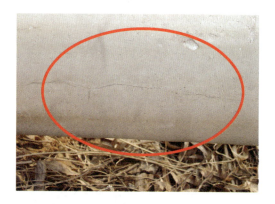

图6-1-2　混凝土电杆存在纵向裂纹

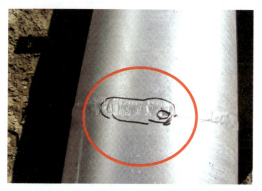

图6-1-3　钢管型电杆焊接存在
焊肉不足,且有咬边现象

图6-1-4　钢圈连接的混凝土电杆焊接成型差

图6-1-5　混凝土电杆组立冬季施工时
将冻土块回填,造成回填不实

图6-1-6　混凝土电杆组立垂直度超标,
且回填土不足,未设防沉台

图 6-1-7　双回路电力线上横担不水平，
左右受力不均

图 6-1-8　螺栓穿向不正确，
绝缘子安装前未清理

图 6-1-9　架空线路引下高压电缆未固定

图 6-1-10　拉线 NUT 型线夹螺母紧
固后螺杆未露出螺纹

图 6-1-11　钢管杆基础地脚
螺丝未做防护

图 6-1-12　铁塔地角螺丝
不匹配，且未加垫片

第二节 电气装置

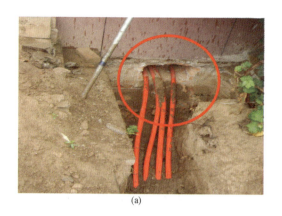
(a)

(b)

图6-2-1 电缆过墙处未采取保护措施

图6-2-2 电缆敷设深度不够且
无保护措施(未加盖保护板)

图6-2-3 电力电缆与信号电缆未分开敷设、
红砖摆放不正确、未填充软土或砂

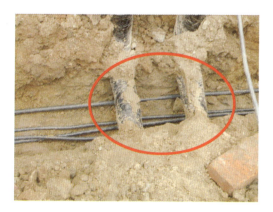

图6-2-4 埋地电缆与管线交叉垂直
距离不够又未加钢管保护

图6-2-5 电缆引出地面未加保护套管

图 6 - 2 - 6　电缆穿越混凝土基础无套管

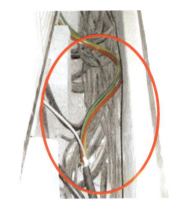

图 6 - 2 - 7　电缆在电缆沟内敷设
未设置支托架,且未做电缆头

图 6 - 2 - 8　电缆保护管敷设长度
不够,不能有效保护电缆

图 6 - 2 - 9　电缆出地面没有穿管保护

图 6 - 2 - 10　电缆敷设前没有对电缆沟进行清理

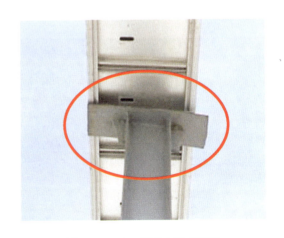

图 6 - 2 - 11　桥架支撑未固定

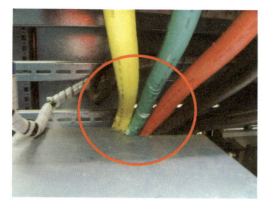

图6-2-12　电缆在配电柜内敷设时，
敷设方式不正确,造成绝缘层损伤

图6-2-13　电动机进线未做电缆头且
未进入接线盒内,不能有效防水、防潮

图6-2-14　铝芯电缆终端在与设备
端子相连时未采取铜-铝过渡措施

图6-2-15　铝芯电缆与空开接线端子
相连时未采取铜-铝过渡措施

图6-2-16　铝母线与SF6断路器
相连时未采取铜-铝过渡措施

图6-2-17　高压引下线与变压器高压
端接线端子相连时未使用设备线夹

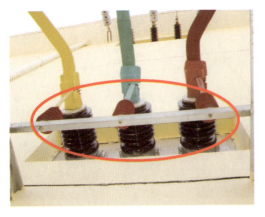

图 6 – 2 – 18　避雷器未直接做接地引下线，
而是利用金属支架做为放电通道

图 6 – 2 – 19　零线出线母排未用绝缘子固定

图 6 – 2 – 20　高压盘柜后侧控制线
在门轴处无保护措施

图 6 – 2 – 21　盘柜母线连接螺栓规格
不统一,且螺纹出头过长

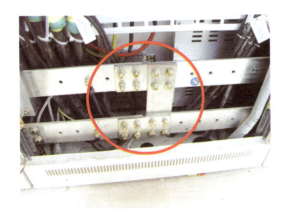

图 6 – 2 – 22　盘柜内零线与保护地线母排相连接,
不符合设计要求(零线与保护地线应相对绝缘)

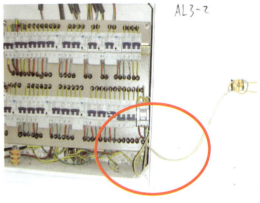

图 6 – 2 – 23　配电箱门未做保护接地

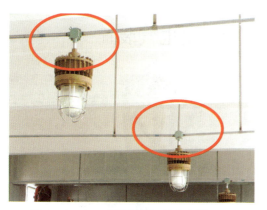

图 6 - 2 - 24　防爆照明灯具未有效固定
（吊点距灯具过远）

图 6 - 2 - 25　预埋电线管分支处未采用分线盒

图 6 - 2 - 26　电源插座安装位置不合理

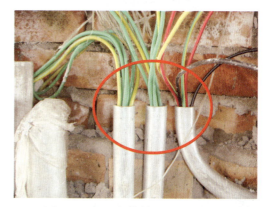

图 6 - 2 - 27　钢管管口无护口保护，
也未去除毛刺，易损伤导线绝缘层

图 6 - 2 - 28　设备安装支撑杆垂直度偏差超标

图 6 - 2 - 29　电缆保护管垂直度偏差超标

第三节　爆炸和火灾危险环境电气装置

图6-3-1　电缆桥架穿越防爆分区
未采取有效防火封堵措施

图6-3-2　防爆区域电缆管口未密封

图6-3-3　防爆接线箱多余孔未密封

图6-3-4　电缆进入防爆接线盒未进行有效密封

图6-3-5　防爆挠性连接管在
安装时受力过大变形

图6-3-6　控制箱安装标高不符合要求
（中心标高只有0.6m），不便于操作

第四节　接地装置

图 6 - 4 - 1　变压器围栏未做接地

图 6 - 4 - 2　等电位接地镀锌扁钢锈蚀严重

图 6 - 4 - 3　罐体防静电接地未做测试断接卡

图 6 - 4 - 4　设备接地串连连接

图 6 - 4 - 5　防静电接地连接方式不正确

图 6 - 4 - 6　设备防静电接地断
开点连接不紧密、不可靠

图6-4-7 用火焊开孔,造成
接触面连接不紧密

图6-4-8 接地扁钢在连接时未去
除焊渣,且未做防腐处理

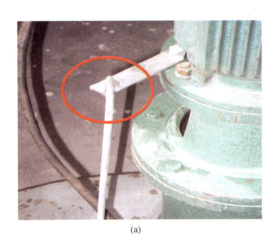

(a)

(b)

图6-4-9 接地扁铁焊接不规范,焊接处搭接面不够

图6-4-10 接地扁钢尺寸不符合
设计要求(设计为40mm×4mm)

图6-4-11 断开点做在混凝土地面内,
不便打开测量

第五节 自动化仪表

图 6 - 5 - 1　温度变送器安装与取压口
过近,影响温度取源信号稳定

图 6 - 5 - 2　温度变送器安装方向不正确

图 6 - 5 - 3　流量计安装方向不正确,
不便观察指示数据

图 6 - 5 - 4　防爆区域电磁阀配线不规范,
未采取保护措施

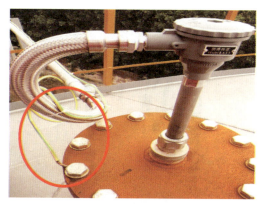

图 6 - 5 - 5　液位变送器接地点位置安装
不正确(应安装在变送器本体)

图 6 - 5 - 6　防爆分线盒未做接地

图6-5-7 带电器设备的仪表
箱门未做保护接地

图6-5-8 暗敷消防信号线
敷设时未穿保护管

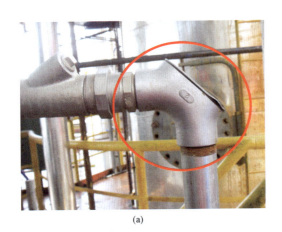

(a)

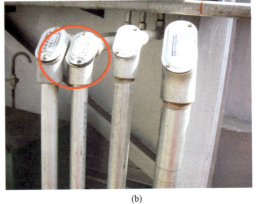

(b)

图6-5-9 防爆穿线盒密封不严密

图6-5-10 电动阀电气配管垂直度偏差超标

图6-5-11 RTU控制箱支架未做防腐,未
做保护接地,保护管安装垂直度偏差超标

图 6 - 5 - 12　仪表配管无固定措施
且垂直度严重超标

图 6 - 5 - 13　仪表线路距热力设备
过近,且无固定措施

图 6 - 5 - 14　仪表管倾斜且未固定

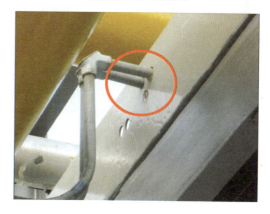

图 6 - 5 - 15　配管进电缆桥架未加锁紧螺母

图 6 - 5 - 16　仪表开孔位置与管线焊
缝距离不满足规范要求

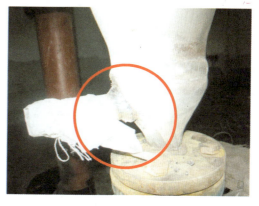

图 6 - 5 - 17　压力表接管位置与主管线
环焊缝距离不满足规范要求

第七章　道路及桥梁工程

第一节　道路工程

一、路基

(a)

(b)

图 7 - 1 - 1　路基填土夹杂大量石块

图 7 - 1 - 2　底层未压实即回填上一层土方

图 7 - 1 - 3　石方路基填筑方法不规范

二、路面基层

图 7-1-4 基层分层未结成整体

图 7-1-5 基层表面松散

图 7-1-6 基层强度不足,行车后翻浆

图 7-1-7 基层强度不足,碾压不到位

图 7-1-8 预留道口基层强度不足,表面松散

(a)

(b)

图 7-1-9　基层整体性差,取心不合格

三、面层

图 7-1-10　泥结碎石路面质量不合格

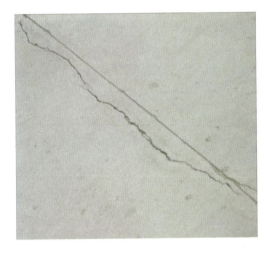

图 7-1-11　路面切缝不及时造成裂缝

(a)　　　　　　　　　　　　　　　　(b)

图 7-1-12　混凝土路面冬季施工及养护不当,受冻起皮

图 7 - 1 - 13　沥青混凝土面层松散

图 7 - 1 - 14　沥青混凝土面层坑槽

第二节　桥 梁 工 程

一、桥梁工程

图 7 - 2 - 1　边板箍筋弯勾弯起角度和
弯后平直长度不符合设计及规范要求

图 7 - 2 - 2　桥护栏钢筋间距不均匀

图 7 - 2 - 3　桥护栏钢筋搭接焊长度不足

图 7 - 2 - 4　桥护栏钢筋搭接焊药渣未除

图 7 - 2 - 5　桥台承台基础埋深不够,与设计标高不符

二、涵洞工程

图 7 - 2 - 6　涵洞砌筑砂浆拌制质量不合格

图 7 - 2 - 7　涵洞组砌方法不当

第八章　焊缝无损检测

一、气孔与圆缺

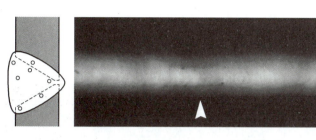

图 8 - 1 - 1　分散的气孔

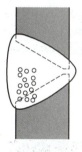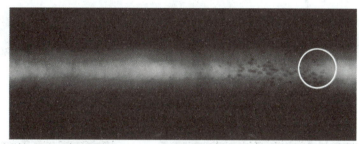

图 8 - 1 - 2　密集气孔

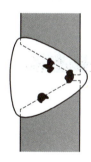

图 8 - 1 - 3　夹钨

二、条形夹渣与条形气孔

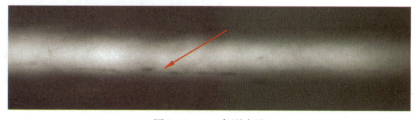

图 8 - 1 - 4　条形夹渣

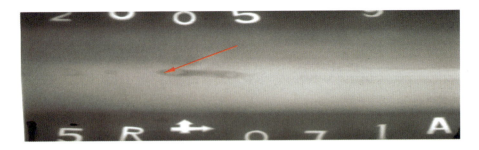

图 8 - 1 - 5　条形气孔

三、未焊透

图 8 - 1 - 6　未焊透

四、未熔合

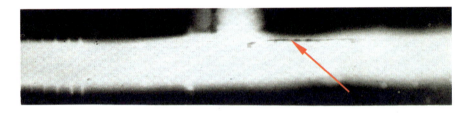

图 8 - 1 - 7　未熔合

五、裂纹

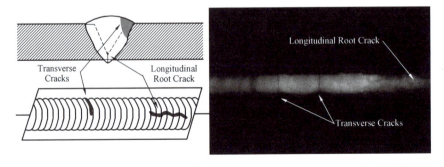

图 8 - 1 - 8　裂纹(transverse cracks:横向裂纹;longitudinal root crack:纵向根部裂纹)

六、咬边

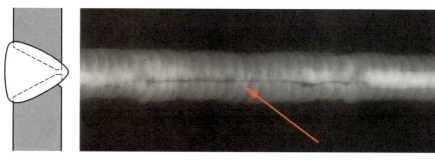

图 8 - 1 - 9　内咬边

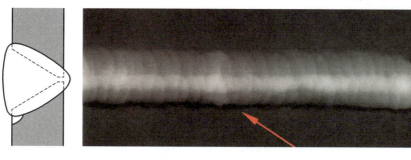

图 8 - 1 - 10　外咬边

七、内凹

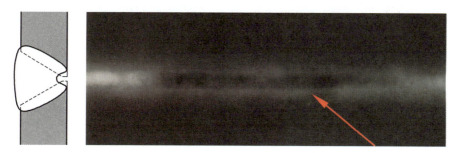

图 8 - 1 - 11　内凹

八、烧穿

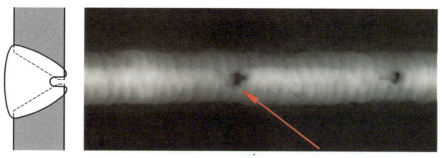

图 8 - 1 - 12　烧穿

下篇 油气田地面建设工程案例分析

第一章　建　筑　工　程

本章针对建筑工程中的常见质量问题,列举了土方开挖回填、桩基础、毛石基础砌筑、钢筋工程、混凝土工程、砌体工程、钢结构、装饰装修、水池、挡土墙等22个典型案例。

【案例1】土方开挖工程

1. 背景

某工程中污水池施工,池底标高 −4.000m,为三级基坑。监督人员在巡查过程中发现,在没有编制专项施工方案,基坑没有支护、没有采取任何监控措施的情况下,施工人员在坑底进行施工操作。

2. 问题描述

《建筑地基与基础工程施工质量验收规范》(GB 50202—2002)第7.1.2条规定:基坑开挖前,应编制专项施工方案、环境保护措施、监测方案,经审批后方可施工。第7.1.7条规定:基坑(槽)工程验收必须确保支护结构安全和周围环境安全为前提。当设计有指标时,以设计要求为依据,如无设计指标时应按相关规定执行(此条为强制性条文)。

由于施工现场没有按照规范规定设置防止基坑塌陷的安全措施,违规操作,给施工人员人身安全遗留了隐患(图1−1、图1−2)。

图1−1　基坑没有支护措施　　　　　图1−2　基坑底泥泞,不具备施工条件

施工现场基坑底部泥泞不堪,不具备施工条件,施工单位仍进行施工操作,不能保证施工质量。监督人员立即责令停工,下发质量问题整改通知单,责成施工单位必须清除基坑底部泥浆,设立安全的基坑支护体系后,经监督人员验证后方可继续施工。

3. 问题分析

一些施工单位对于基坑的支护往往心存侥幸,给施工安全遗留隐患,本工程是一个典型的施工单位为了节约成本,不按照规范要求进行基坑支护,忽视安全生产的案例。

【案例2】土方回填工程

1. 背景

某电厂厂房项目基础回填土。

2. 问题描述

监督人员对正在进行的回填土工程进行巡检时,发现回填土中夹有大量的工程建筑垃圾,没有过筛就直接被推土机推入基坑、槽内,且没有做到分层回填,分层夯实(图1-3、图1-4)。

图1-3　回填土中夹有大量的工程
建筑垃圾,直接推入基坑、槽内(一)

图1-4　回填土中夹有大量的工程
建筑垃圾,直接推入基坑、槽内(二)

3. 问题分析

(1)施工单位没有按照《建筑地基基础工程施工质量验收规范》(GB 50202—2002)要求进行施工。

(2)监理单位没有严格执行检查验收职责。

【案例3】桩基工程

1. 背景

某大型原油储罐桩基施工。

2. 问题描述

监督人员在进行巡检时发现,某储罐约40根管桩桩顶出现不同程度的倾斜,集中分布于罐基础的180°~360°范围内(图1-5、图1-6)。

3. 问题分析

由于打桩速度较快,引起较大的超静孔隙水压力,因而造成严重的挤土作用,再加上临近的施工主干道超负荷的大车往来造成振动,软土受振动后,土结构被破坏,很快变成稀释状态,产生侧向滑移。据测量,该40根桩倾斜度的偏差均大于倾斜角正切值的15%,违反了《建筑地基基础工程施工质量验收规范》(GB 50202—2002)第5.1.3条(强制性条文)的规定。

4. 问题处理

针对该工程的实际情况,设计单位提出了补桩的意见。在原倾斜桩两侧各打入与原桩相同的桩一颗,取代倾斜桩。补完后,对补入的桩按照规范要求,进行全数检查。

图 1-5 储罐桩出现倾斜(一)

图 1-5 储罐桩出现倾斜(二)

5. 问题预防

(1)如果勘察报告提供的土的内摩擦角及土的黏聚力比较小,在基坑内应采取加固措施,如采用水泥土深层搅拌法或压力注浆法等方法加固土体,以避免桩体倾斜。

(2)软土地区最好避免锤击桩,采用钻孔灌注桩可以较好地避免桩体的位移倾斜。

【案例4】桩基工程

1. 背景

某工程附属工程基础设计为钻孔灌注桩,桩径400mm,桩长为10m,持力层为进入中风化砂质泥岩层内不小于500mm,钢筋笼主筋为6ϕ12mm,箍筋为ϕ6mm×250mm,桩顶1100mm范围内为ϕ6mm×150mm,根数为32根。

2. 问题描述

监督人员对该桩基工程进行监督抽查时,发现施工单位未请示设计和建设单位就擅自将该基础钻孔灌注桩改为人工挖孔桩,共计9根桩,桩径1500mm,持力层为进入强风化砂质泥岩层1000mm,钢筋笼主筋为18ϕ18,箍筋为ϕ8×200mm,桩顶3000mm范围内为ϕ8×150mm。设计和建设单位现场办公时,同意对其进行设计变更,但要求持力层必须进入中风化砂质泥岩层800mm。查监理单位资料,无钻孔灌注桩改为人工挖孔桩的任何记录(图1-7)。

图 1-7 为原设计钻孔灌注桩布置示意图

3. 问题分析

(1)未严格执行设计变更程序。施工单位未经设计、建设、监理单位人员同意就擅自更改桩基施工工艺,违反了设计变更程序。

(2)监理人员未严格履行监理职责。对施工单位擅自更改设计施工的行为既不阻止又不汇报,监理资料更未反映现场实际施工情况,属于严重的失职行为。

【案例5】毛石基础砌筑

1. 背景

某转油站工程油泵房基础采用毛石砌筑,底面宽0.8m,埋深1.8m。

2. 问题描述

监督人员在监督巡查时发现,基础砌筑存在"砂窝"现象。施工单位操作人员将砂浆填塞在大块毛石之间的缝隙后,没有填塞小块毛石,砂浆堆积形成"砂窝"(图1-8)。

图1-8 基础砌筑存在"砂窝"现象

3. 问题分析

《砌体工程施工质量验收规范》(GB 50203—2002)第7.1.3条规定毛石砌体的灰缝厚度不宜大于20mm。在实际操作过程中,大块毛石之间较大的空隙在使用砂浆灌注后,应填塞较小的石块,以保证较大空隙处不形成"砂窝"。毛石砌体主要依靠毛石承受上部荷载,砂浆只是将毛石连结在一起的胶结材料,只有和毛石形成整体强度,基础才能起到承受上部荷载和传递荷载到地基的作用。毛石砌体中的"砂窝"极易在砌体内部形成通缝,甚至形成"夹片"砌体,降低毛石基础的整体强度和抗震性能。

【案例6】毛石基础砌筑

1. 背景

某工程砌筑毛石墙。

2. 问题描述

监督人员在检查中发现,部分墙段没有拉结石,并采取空心填筑的方法砌筑,大大降低了毛石墙的整体结构(图1-9)。

图1-9 部分墙段没有拉结石,并采取空心填筑的方法砌筑

3. 问题分析

毛石墙砌筑缺少拉结石,会降低毛石墙结构的整体性。出现这种问题的原因主要是有些工人为了省事,往往在监理不在的情况下,采用填心的砌筑方法砌筑毛石墙,这样干活比较省劲,还比较出活,但对毛石墙结构的整体受力性能将产生很大的影响。

4. 问题处理

将没有拉结石的墙段全部拆除,重新砌筑。

【案例7】钢筋工程

1. 背景

某$10 \times 10^4 m^3$原油储罐钢筋混凝土环墙,设计要求环墙钢筋的连接方式应为焊接或机械连接,施工单位为便于施工,现场采用了闪光对焊连接(图1-10)。

图1-10 某$10 \times 10^4 m^3$原油储罐钢筋混凝土环墙施工现场图

2. 问题描述

监督人员对环墙钢筋安装质量抽查时发现,部分环墙钢筋闪光对焊焊口局部区域未能相

互结晶,熔合不良,接头镦粗变形量很小,挤出的金属毛刺极不均匀,多集中于上口,并产生严重的胀开现象;从口上可看到如同有氧化膜的粘合面存在(图1-11)。

图1-11　环墙钢筋闪光对焊焊口局部区域未能相互结晶,熔合不良

3. 问题分析

(1)焊接工艺方法应用不当。对断面较大的钢筋应采取预热闪光对焊工艺施焊,但现场实际采用的是连续闪光焊工艺。

(2)焊接参数选择不合适。特别是烧化留量太小,变压器级数过高以及烧化速度太快等,造成焊件端面加热不足,也不均匀,未能形成比较均匀的熔化金属层,致使顶锻过程生硬,焊合面不完整。

4. 问题预防

(1)适当限制连续闪光焊工艺的使用范围。

(2)重视预热作用,掌握预热要领,力求扩大沿焊件纵向的加热区域,减小温度梯度。

(3)采取正常的烧化过程,使焊件获得符合要求的温度分布、尽可能平整的端面以及比较均匀的熔化金属层,为提高接头质量创造良好的条件。

(4)避免采用过高的变压器级数施焊,以提高加热效果。

【案例8】钢筋工程

1. 背景

某油田联合站钢筋混凝土基础,设计抗震等级为二级抗震。

2. 问题描述

监督人员在检查中发现,施工单位在进度比较紧的情况下,在钢筋商检报告和钢筋复检报告还没有出具的时候,就开始预制并绑扎钢筋,部分基础钢筋已绑扎安装完毕。经查阅复试报告,部分规格的钢筋,含碳量和屈强比超标,复检不合格(图1-12)。

3. 问题分析

钢筋的含碳量过高,易使钢筋产生脆性断裂,同时,对于抗震地区,控制钢筋屈强比指标的目的是为了保证在地震作用下,结构某些部位出现塑性铰以后,钢筋具有足够的变形能力,以防止在没有任何征兆的情况下发生质量事故。该问题违反了《混凝土结构工程施工质量验收规范》(GB 50204—2002)强制性条文的规定。

4. 问题处理

要求施工单位返工,将不合格钢筋拆除,并运出工地,重新采购合格钢筋,复检合格后,才准许后续施工。

人们正在拆除钢筋

(a)

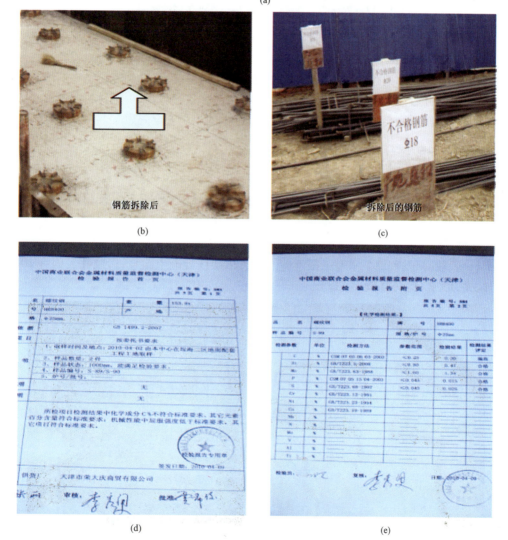

钢筋拆除后

(b)

拆除后的钢筋

(c)

(d)

(e)

图1-12 钢筋的含碳量过高,易使钢筋产生脆性断裂

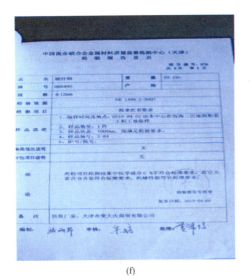

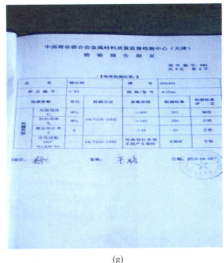

(f)   (g)

图 1-12　钢筋的含碳量过高,易使钢筋产生脆性断裂(续)

5. 问题启示

在任何情况下,涉及结构安全的建筑材料进场都必须实施见证取样送检,检验合格后才能准许使用。部分施工单位往往以工期紧、材料没问题为由,在没有得到复检结果的情况下即进行施工,同时,部分监理人员不能认真履行监管职责,默许这种行为,一旦材料质量出现问题且发现的不够及时就可能会造成较大的经济损失或严重的质量安全隐患。

【案例9】混凝土工程

1. 背景

某办公楼,13 层框架 - 剪力墙结构,基础为筏板基础。地下室一层,C45 钢筋混凝土墙柱。

2. 问题描述

在基础验收时,发现地下室有一根连剪力墙段框架柱混凝土跑浆,造成柱表面有 10cm 厚混凝土缺失,形成"狗洞"(图 1-13)。

(a)   (b)

图 1-13　混凝土缺失

3. 问题分析

经现场调查,该问题的成因主要是由于模板支护不牢,柱子模板松动后,造成了混凝土流失。同时施工单位采用了地下室墙柱和顶板整体支护浇筑的方法,所以柱子模板松动后也无法下去进行加固。

4. 问题处理

(1)由 EPC 单位(其他应由建设单位,本工程为 EPC 总承包模式)组织,EPC、设计、监理、施工各单位专家和质量监督站人员参加,分析确定该质量问题是否影响到结构安全,主要是要由设计人员按有效截面进行验算,形成书面意见。

(2)经设计验算后,认为经加固补强处理后能满足结构要求。施工单位提出处理方案,经设计认可后进行处理。

(3)将柱截面加大 20cm,每边 10cm。同时补设钢筋,顶部与板底、梁底钢筋焊接埋入顶板,底部钢筋采取植筋方式锚入基础梁内,剪力墙凿毛后将横向钢筋与剪力墙钢筋焊接(图1-14)。

(4)将松散及不密实的混凝土全部凿除,孔洞处凿成八字型,刷净后刷一道素水泥浆。重新支模,用提高一个强度等级并掺一定比例膨胀剂的混凝土进行浇筑、养护。

图 1-14　加固钢筋与顶板钢筋焊接

【案例10】钢筋混凝土工程

1. 背景

某矿区配套工程,主体为单层混凝土框架结构,其中北侧边跨悬挑梁设计截面尺寸为 300mm×600mm,悬挑长度 2250mm,上部钢筋为 4 根直径 22mm 的 HRB335 钢筋,箍筋为 φ8mm×100mm,下部钢筋为 4 根直径 20mm 的 HRB335 钢筋,悬挑梁数量为 3 根。

2. 问题描述

监督人员在实施必监点检查时发现,悬挑梁上部 4 根受拉钢筋有一根钢筋搭接接头位置在支座处(图1-15)。

图 1-15 悬挂梁一根钢筋搭接接头位置在支座处

3. 问题分析

《混凝土结构工程施工质量验收规范》(GB 50204—2002)第5.4.3条规定:钢筋的接头位置宜设置在受力较小处。而在设计和实际工况下悬挑梁的支座处上部为该梁受弯矩作用最大的地方,应避免在此处进行钢筋接头。现场完全具备条件,使接头位置错开搭接在支座处。

4. 问题处理

监督人员要求现场进行整改,将接头位置错开到相邻跨框架梁的跨中位置。

【案例11】钢筋混凝土工程

1. 背景

某新建五层框架结构综合办公楼,建筑面积3785m²。设计要求主要结构构件纵向受力钢筋的连接应采用钢筋机械连接。

2. 问题描述

监督人员在现场检查时,发现存在以下问题:

(1)钢筋机械连接后,套筒外露螺纹超标(图1-16)。

图 1-16 套筒外露螺纹超标

(2)钢筋安装时,品种和级别不符合设计要求,且未办理设计变更文件(图1-17)。

图1-17 钢筋安装品种和级别不符合设计要求

(3)用于检查结构构件混凝土强度的试件,未按规范要求进行养护(图1-18)。

图1-18 检查结构构件混凝土强度的试件未按规范要求进行养护

3. 问题分析

(1)经现场询问施工单位技术人员及监理单位专业监理工程师,发现相关人员对标准规范中的技术要求不熟悉,也未能及时去了解和学习,甚至连连接套筒生产厂家的产品设计说明都未认真看。

(2)施工过程中,由于施工单位原材料准备不足,又无法及时采购到设计所要求的钢筋品种和级别,在未向监理单位报验的情况下,擅自进行了钢筋代换。而专业监理工程师履行监理职责不认真,虽然整天人在现场,却未能发现此问题。

(3)施工单位对于标准养护和同条件养护的意义理解不透彻,不清楚什么情况下应该留置标准养护还是同条件养护的试块;为了保证试块的强度,不按照规定的养护方式进行养护。

【案例12】钢筋混凝土工程

1. 背景

某新建钢筋混凝土框架结构中控室,现场采用电渣压力焊的焊接方式进行框架柱钢筋连接(图1-19)。

图 1 - 19　钢筋混凝土钢架结构

2. 问题描述

监督人员监督经抽查发现,一层框架柱部分电渣压力焊焊接接头的轴线偏移大于 0.1d 或超过 2mm(图 1 - 20)。

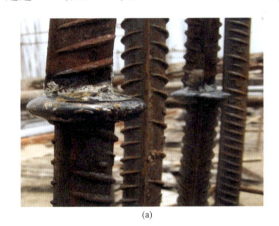

(a)　　　　　　　　　　　　　　(b)

图 1 - 20　一层框架柱部分电渣压力焊焊接接头的轴线偏移过大

3. 问题分析

出现上述问题的原因,主要是:

(1)钢筋端部歪扭不直,在夹具中支持不正或倾斜。

(2)夹具长期使用磨损严重,造成上下不同心。

(3)顶压力过大,使上钢筋晃动和移位。

(4)焊后夹具过早放松,接头未及冷却,使钢筋倾斜。

4. 问题处理

将不合格焊接接头重新焊接并重新验收。

5. 问题预防

(1)对于钢筋端部歪扭和不直的部分,焊前应采用气割整齐或矫正,端部歪扭的钢筋不得焊接。

(2)焊接时应将两钢筋夹持于夹具内,上下同心;焊接过程中上钢筋保持垂直和稳定。

（3）夹具的滑杆和导管之间如有较大间隙，造成间距上下不同心时，应修正后再使用。

（4）钢筋下送加压时，顶压力应适当，不得过大。焊接完成后，不能立即卸下夹具，应在停焊后约2min再卸夹具，以免钢筋倾斜。

【案例13】混凝土工程

1. 背景

某建设工程冬季施工，浇筑基础混凝土。

2. 问题描述

监督人员监督检查时发现，当时环境温度为零下10℃左右，混凝土入模温度勉强达到了规范要求（5℃），但养护措施不到位，养护时实测混凝土温度只有0℃左右，有的地方甚至达到－3℃（图1-21~图1-23）。

3. 问题分析

由于施工单位冬季施工投入较大，有些工程又是招标的工程，费用是固定的，冬季施工投入的多就会影响施工单位的成本，从而影响利润，所以每到抢进度冬季施工时，往往使混凝土的养护不到位，养护温度达不到，使混凝土的强度受到影响，降低了混凝土的强度。

图1-21　冬季施工测量混凝土入模温度较低

图1-22　冬季施工混凝土养护温度比较低，影响混凝土的强度

图1-23　经整改后的现场实际情况

4. 问题启示

混凝土的质量与混凝土的养护有很大的关系,而混凝土的养护问题往往得不到应有的重视,特别是冬季施工,混凝土在早期受冻之后,强度很难达到设计要求,这就要求建设单位和施工单位在冬季施工时,不要一味地强调进度,应根据天气的情况,把握好施工进度,在天气特别寒冷的情况下,混凝土的施工要特别慎重,一定要有可靠地质量保证措施。

【案例14】混凝土工程

1. 背景

某二层砖混结构工程2009年冬季施工。

2. 问题描述

监督人员对现场监督抽查时发现,屋面板局部存在渗漏现象(图1-24)。

3. 问题分析

由于天气寒冷,屋面板浇筑后保温措施不到位,混凝土强度增长缓慢,同时,混凝土浇筑仅一周后,施工单位就拆除了支撑模板,并安排上人施工保温层,由此造成屋面板过早承受荷载而局部开裂渗水。

4. 问题处理

(1)2010年春季对屋面板混凝土实施非破损检测,检测结果经设计单位验证后,混凝土强度可以满足设计要求;

(2)拆除已施工保温层,用密封胶封堵裂缝,防止水分侵入,保护楼板内钢筋,同时屋面板上部增设一道防水层,以防止水分渗入。

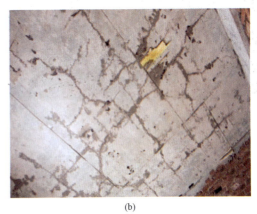

(a)　　　　　　　　　　　　　　　(b)

图1-24　楼板开裂渗水

5. 问题启示

冬季混凝土施工,保温问题是一个关键问题,保温问题解决不好,混凝土一旦在临界强度前受冻,其强度等级就不易达到设计要求。特别是像现浇钢筋混凝土楼板这样比较薄的构件,更应该注意保温问题,在冬季,应该加强混凝土的保温,并延长混凝土的养护期,像现浇楼板这样关键的部位,一定要掌握好楼板及梁的拆模时间,混凝土强度达到100%才能拆模,或者支护一冬天,第二年开春开工时再拆除支护模板。

【案例15】钢筋混凝土及砌体工程

1. 背景

某新建计量站单层砖混结构附属用房。

2. 问题描述

监督人员监督对主体工程施工质量抽查时,发现存在以下问题:

(1)砖砌体的水平水泥缝砂浆饱满度不足80%(图1－25)。

图1－25　砖砌体的水平水泥缝砂浆饱满度不足8%

(2)墙体拉结钢筋的埋入长度不足500mm(图1－26)。

图1－26　墙体拉结钢筋的埋入长度不足500mm

(3)主筋间距偏差过大(图1－27)。

图1－27　主筋间距偏差过大

3. 问题分析

（1）除了作业人员的砌筑手法外，干砖上墙也是砂浆饱满度不符合要求的主要原因之一。

（2）在砖砌体工程中，拉结钢筋的数量和埋入长度不符合设计及规范要求是建筑工程建设中最常见的质量通病之一。

（3）梁、柱结合处钢筋密集，未提前进行合理布置或是钢筋绑扎不牢，都会造成在混凝土浇筑过程中主筋位置发生偏移。

【案例16】砌体工程

1. 背景

某单位生活基地车库工程，砖混结构，一层。

2. 问题描述

监督人员在主体工程监督抽查过程中发现以下问题：

（1）砖砌体组砌方法不合理，外墙转角处接槎质量不高（图1-28）。

图1-28　外墙转角处接槎质量不高

（2）构造柱马牙槎未先退后进，钢筋竖向位移（图1-29）。

图1-29　构造柱马牙槎未先退后进，钢筋竖向位移

3. 问题分析

（1）在砌体工程施工质量验收规范中，不允许在砌体工程的阳角处留直槎，在任何部位不允许留阴槎。该接槎不良的问题是由于墙体砌到一步架高度后工人赶进度留直槎所致。

（2）砌体构造柱设置马牙槎并应先退后进的目的就是要在浇筑构造柱时使墙体与构造柱结合地更牢固，更利于抗震。

（3）构造柱钢筋竖向位移原因是支模后未将钢筋固定牢靠，混凝土浇筑后未及时校正偏移的钢筋。

4. 问题处理

（1）要求施工单位对该段墙体拆除，重新砌筑。

（2）构造柱钢筋位移，导致钢筋保护层厚度不够，因此要求施工单位将混凝土剔除一点，用环氧树脂砂浆抹面将钢筋保护。

（3）对监理单位提出批评，要求其今后加强质量检查验收，对整改结果进行检查，合格后报请监督站复查。

【案例 17】砌体工程

1. 背景

油田某转油站工程油泵房采用红砖砌筑墙体，外墙 370mm 厚，内墙 240mm 厚。

2. 问题描述

监督人员在监督抽查时发现，红砖墙体砌筑时，转角处留槎和内外墙相交处留直槎未按标准要求设置拉结钢筋，设置的拉结钢筋数量不足、长度不够（图 1 - 30、图 1 - 31）。

图 1 - 30　留直槎处未设置拉结钢筋（左）和拉结钢筋长度不足（右）

3. 问题分析

《砌体工程质量验收规范》（GB 50203—2002）第 5.2.3 条规定：砖砌体的转角处和交接处应同时砌筑，严禁无可靠措施的内外墙分砌施工。第 5.2.4 条规定：非抗震设防及抗震设防烈度为 6 度、7 度地区的临时间断处，当不能留斜槎时，除转角处外，可留直槎，但直槎必须做成凸槎。留直槎处应加设拉结钢筋，拉结钢筋的数量为每 120mm 墙厚放置 1φ6mm 拉结钢筋

117

图 1-31 转角处留槎不规范

（120mm 厚墙放置 2φ6 拉结钢筋），间距沿墙高不应超过 500mm；埋入长度从留槎处算起每边均不应小于 500mm，对抗震设防烈度 6 度、7 度的地区，不应小于 1000mm；末端应有 90°弯钩。

砖砌体转角处、交接处的砌筑和接槎质量，是保证砖砌体结构整体性能和抗震性能的关键。交接处不能同时砌筑和对留槎部位接槎处理不符合规范要求的砌体，在最不利情况下会导致砌体整体性能和抗震性能下降近三分之一。

4. 问题处理

对不符合规范要求的砌体部分要求施工单位进行返工处理，以确保砌体工程实体质量符合施工质量验收规范的要求。

【案例 18】钢结构工程

1. 背景

某单位的体育馆工程。一层，主体为框架结构，屋面为网架结构。

2. 问题描述

监督人员在监督抽查中发现，网架南侧有 4 处节点支座与框架柱接头处二次灌浆不及时，支座悬空，预埋支座螺栓直接受压（图 1-32）。

(a)

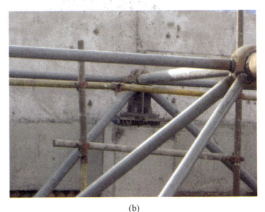

(b)

图 1-32 节点支座与框架柱接头处二次灌浆不及时

3. 问题分析

网架支座安装到位找平后,施工单位没有及时灌浆。总监理工程师为电气专业,其土建专业监理工程师刚工作两年,现场经验不足,也未及时发现。

4. 问题处理

(1)要求监理组织工程结构设计人员到现场查看是否影响结构安全,经设计检查核算,认为马上进行二次浇注混凝土可以满足结构安全。

(2)施工单位的整改处理方案经设计书面认可,并按施工方案提高一级混凝土强度等级立即浇注混凝土,并加强养护。

(3)对监理提出批评,建议该监理单位今后对人员配备上进行合理安排。

【案例19】装饰装修工程

1. 背景

某新建供热拉油注水站采暖及抹水泥工程。

2. 问题描述

(1)散热器安装距离墙体过近,且背后漏刷涂料(图1-33)。

图1-33 散热器安装距离墙体过近,且背后漏刷涂料

(2)散热器安装支架、托架数量不符合规范要求,且未使用散热器专用的支架、托架(图1-34)。

图1-34 散热器安装支架、托架数量不符合规范要求

（3）墙面抹水泥空鼓、开裂（图1-35）。

图1-35　墙面抹水泥空鼓、开裂

3. 问题分析

（1）墙面抹灰与散热器安装工序倒置。

（2）散热器的支架、托架用钢管及直钢筋棍代替,安装不牢固,施工过于随意。

（3）冬季施工,抹水泥工艺不当且未采取有效措施进行养护。

4. 问题处理

要求施工单位返修处理。

【案例20】水池

1. 背景

某工业消防水池工程,池体尺寸为30m×30m×6m（高）,S8级抗渗等级,钢筋混凝土结构,埋地。

2. 问题描述

在对池体混凝土进行监督抽查时,监督站人员发现,池壁接近池底处,每间隔50cm混凝土表面就夹有一个4cm×6cm木方,于是要求施工单位现场剔除,发现该木方贯穿池壁（图1-36）。

(a)

(b)

图1-36　池底夹有木方

3. 问题分析

该池体池壁支撑模板时底部采用了木方,在向上架设时忘记取出,施工单位质量检查员在检查时未发现,监理单位在验收模板时也忽视了此问题。

4. 问题处理

由于是有抗渗要求的消防水池,要求返工重做,重新浇筑。

【案例21】挡土墙

1. 背景

某工程挡墙出地面高度约7m,为MU30条石M7.5砂浆砌体,地基为可塑粉质黏土。

2. 问题描述

局部挡墙两侧在完成墙背回填后就出现竖斜向裂缝,裂缝发生12天左右基本稳定,最大裂缝宽达3mm(图1-37)。

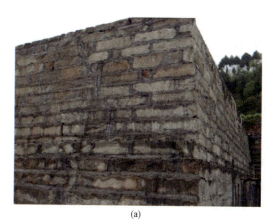

(a)   (b)

图1-37 局部挡墙两侧在完成墙背回填后就出现竖斜向裂缝

3. 问题分析

该挡墙所产生裂缝,为不均匀沉降引起,造成不均匀沉降的原因主要有以下几方面:

(1)未按规定设置沉降缝。建址左前角挡墙约10m长段,左半段地基比右半段地基低约1.5m,因施工时未在地基高低变化处设置沉降缝,左侧沉降量大于右侧沉降量而产生沉降裂缝。

(2)未按设计要求进行地基处理。左侧挡墙端头处地基为强风化泥岩,中段处有一孤石(孤石宽度为挡墙基础宽度,长度约1m),左侧地基为可塑粉质黏土,施工时未按设计要求将孤石清除,从而造成地基不均匀沉降产生裂缝。

4. 问题处理

要求施工单位加强观测,待变形基本稳定并征求设计单位意见后再进行相应的技术处理。

【案例22】挡土墙

1. 背景

某新建工程位于某输气站右侧,距输气站围墙边线不足5m。

2. 问题描述

在新工程挡土墙基槽开挖时,原挡土墙出现沉降垮塌现象(图1-38)。

(a)   (b)

图1-38 挡土墙出现沉降垮塌现象

3. 问题分析

(1)施工单位施工时没有对所开挖的基槽和原挡土墙进行必要的支护。

(2)设计没有对原挡土墙明确具体的保护措施和方案。

4. 问题处理

由施工单位清除原挡土墙的上部荷载,清除垮塌挡土墙,以免造成施工过程的人员伤亡事故。清除原挡墙上部荷载后,采用分段开挖的方式,每段用竹笼片石层层堆码使土层稳定,完成一段后再进行下一段的开挖和竹笼工作,同时对上部土层做好保护工作,防止雨水渗入后增加土壤的含水量造成新的隐患。待全段施工完毕,土层稳定后进行新挡土墙砌筑施工和原挡土墙的恢复工作。

第二章　管道安装工程

本章针对管道安装工程中常见质量问题,列举了原材料质量、材料保管、布管、管道敷设、管道焊接、管道安装、阀门安装、管道防腐层保护、管道下沟及回填、管道穿越、管道试压、管道构筑物等25个典型案例。

【案例1】管件保管质量问题

1. 背景

某大型站场工程,部分材料已运至现场进行预制,对预制情况进行检查。

2. 问题描述

从三幅图中可以看出:

(1)材料摆放混乱,不锈钢管与碳钢钢管直接接触(图2-1)。

(2)成品保护不力,未按规定摆放,甚至被水浸泡(图2-2)。

图2-1　不锈钢管与碳钢钢管直接接触　　　图2-2　管件成品未按规定摆放,甚至被水浸泡

(3)管件随意扔在泥泞的地上(图2-3)。

3. 问题分析

(1)材料摆放混乱,不同规格、材质的材料混放,不符合文明施工的要求,也容易造成错用材料。

(2)不锈钢管与碳钢直接接触,会造成渗碳,污染不锈钢,造成不锈钢晶间腐蚀。违反了《工业金属管道工程施工及验收规范》(GB 50235—1997)第3.0.14条的规定:管道组成件及管道支承件在施工过程中应妥善保管,不得混淆或损坏,其色标或标记应明显清晰。材质为不锈钢、有色金属的管道组成件及管道支承件,在储存期间不得与碳素钢接触。暂时不能安装的管子,应封闭管口。

(3)成品管摆放应垫离地面,管件应分类码放整齐,不得被水浸泡,以免发生腐蚀。

(4)该问题反映出该工程的质量管理体系存在问题,管理混乱。

图 2-3　管件随意扔在泥泞的地上

4. 问题处理

加强施工现场的管理,对管材、管件等材料严格按照标准规范分类堆放、妥善保管。

【案例2】管件质量问题

1. 背景

某集气站工程,对进站管件等原材料检查中,发现部分阀门存在质量问题。

2. 问题描述

(1)发现天然气压缩机出口设备自带止回阀 DN150 PN40 止回阀阀体标识存在打磨痕迹,经进一步检查,阀体表面存在多处补焊与修磨痕迹,并存在砂眼、气孔(图 2-4)。

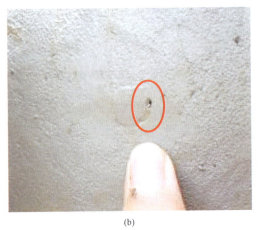

(a)　　　　　　　　　　(b)

图 2-4　阀体表面存在多处补焊与修磨痕迹,并存在砂眼、气孔

(2)试压合格后的阀门没有标识,阀门没有关闭,试压积水没有及时清理(图 2-5)。

(3)现场阀门不封管口(图 2-6)。

图 2-5　试压合格后的阀门没有标识、关闭　　　　图 2-6　现场阀门不封管口

3. 问题分析

（1）压缩机自带的止回阀阀体表面存在缺陷，设备厂家对阀体进行了修补，作为新阀门随同设备进入工程现场，属于弄虚作假，特别是作为天然气压缩机出口阀门，阀体表面的气孔给工程带来了很大隐患。《石油天然气建设工程施工质量验收规范－站内工艺管道工程》（SY 4203—2007）第5.2.4.2条规定：阀门试验前要进行外观检查，其外观质量应符号下列要求：a)阀体、阀盖、阀外表面无气孔、砂眼、裂纹等缺陷。b)阀体内表面平滑、洁净，闸板、球面等与其配合面应无划伤、凹陷等缺陷。

（2）阀门试压合格后，应做出明显标记，防止将未经试压或试压不合格的阀门作为试压合格的阀门使用。

（3）阀门试压合格后，应及时排尽内部积水，关闭阀门，封闭出入口，防止异物进入阀门，造成阀门密封不严。《石油天然气建设工程施工质量验收规范－站内工艺管道工程》（SY 4203—2007）第5.2.4.3条规定：阀门的强度和密封试验应符合下列规定：f)阀门试压合格后，应排除内部积水（包括中腔），密封面应涂保护层，关闭阀门，封闭主入口，并填写《阀门试压记录》。

4. 问题处理

对不合格的阀门进行退货处理，对试压合格的阀门排尽内部积水，关闭阀门，封闭出入口，标识存放。

【案例3】管道在陡坡段悬空的质量问题

1. 背景

某 ϕ219mm×5.6mm 长输管道工程，在山地陡坡部位施工时，监督检查过程中发现管道敷设存在质量的问题。

2. 问题描述

图中陡坡段的管道悬空约700mm，导致埋深不足（图2-7）。

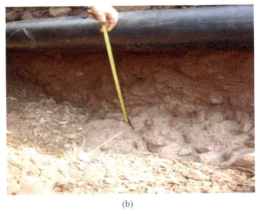

(a)   (b)

图 2 - 7　斜坡段的管道悬空,导致埋深不足

3. 问题分析

如图 2 - 8 所示,管道现场预制未严格按开挖管沟变坡点位置下料,上部预留直管段过长,弯头位置超出变坡点位置,导致管线上坡段未紧贴沟底,出现管道悬空现象。反映出施工单位在下料布管时,未精确测量管沟角度,发现角度使用错误后,仍不整改,按错误的测量参数进行管道安装,企图蒙混过关。

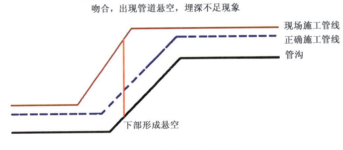

图 2 - 8　管道悬空示意图

4. 问题处理

对该段悬空管道割出,重新测量管沟参数,根据管沟的变坡情况,重新下料组对焊接,保证管道与沟底紧密贴合,确保埋设深度。

5. 问题启示

(1)管道埋深不够,运行期间易受外力破坏如雨水冲刷、农业耕作造成防腐层损伤等,缩短管道使用寿命。

(2)管道形成悬空后,上覆泥土会造成管道焊缝应力集中,严重时可造成管道变形甚至焊缝开裂。

(3)管沟开挖应根据设计测量成果表和管道纵断面图进行,严格控制变坡点及转角位置,同时保证沟底尽量平直。

(4)管道现场下料必须严格按测量成果表进行,避免因直管段长度或弯头选用误差造成管道安装后与管沟不一致,造成局部悬空。

126

【案例4】天然气汇管焊接质量问题(错口)

1. 背景

天然气进站集气汇管,规格为 D450×11,材质为 20 钢,设计选用了 DN450 同径三通,壁厚与管线相同,均为 11mm,管件执行标准为《钢制对焊管件》(SY/T 0510—1998),该工程施工规范为《天然气净化装置设备与管道安装工程施工及验收规范》(SY/T 0460—2000)。

2. 问题描述

(1)三通与管线组对后错边比较严重(图2-9)。

(2)由于内错边,焊接后焊缝根部存在未焊透缺陷(图2-10)。

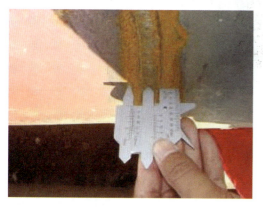 

图2-9 三通与管线组对后错边比较严重　　　图2-10 焊接后焊缝根部存在未焊透缺陷

3. 问题分析

(1)经对三通端部外径偏差进行测量,符合 SY/T 0510—1998 中 +4-3 的极限偏差要求。

(2)根据 SY/T 0460—2000,错边量不应大于壁厚的 10% 即 1.1mm,要比管件制作标准 SY/T 0510—1998 的极限偏差要求严格很多。

(3)部分管件虽然满足其制造标准的要求,但由于其端部外径偏差接近极限值,组对时错边量达不到施工规范要求。

(4)对于形成错边的对接焊口,应将错边沿周长均匀分布,避免局部错边量集中超标。

(5)管道组对内壁错边量较大时将会造成焊缝根部未焊透,为焊接质量带来严重隐患。

4. 问题处理

将汇管切割后重新组对施焊,严格工序管理,组对时保证错边量符合《天然气净化装置设备与管道安装工程施工及验收规范》(SY/T 0460—2000)中规定的错边量不应大于壁厚的 10% 的要求,同时在天然气管道不允许焊缝出现未融合、未焊透。

【案例5】管道焊接质量问题(坡口加工)

1. 背景

某联合站站内工艺管道安装,施工过程中对管道组对、焊接等工序机型进行监督检查,发现焊接存在质量问题。

2. 问题描述

管道组对前未对火焰切割坡口进行机械打磨,坡口角度、钝边及光洁度不符合规范要求,组对间隙不均匀,焊缝周围氧化皮及浮锈未清除(图2-11)。

图2-11 管道组对前未对火焰切割坡口进行机械打磨

3. 问题分析

(1)施工人员未按规范要求加工打磨坡口,坡口表面未进行机械打磨保证加工面的光滑均匀。

(2)管道组对间隙及坡口角度不符合焊接工艺规程的要求。

(3)焊接前没有按照规范要求清除坡口两侧的铁锈、泥土等杂物。《钢质管道焊接及验收》(SY/T 4103)规定:管口表面在焊接前应均匀光滑,无起鳞、裂纹、锈皮、夹渣、油脂、油漆和其他影响焊接质量的物质。

以上问题还违反了《石油天然气建设工程施工质量验收规范－站内工艺管道工程》(SY 4203—2007)中第6.1.1条:高压条件下使用的钢管宜采用机械切割,中低压钢管可采用氧乙炔切割。切割后应将切割表面的氧化层除去,消除切口的弧形波纹,按要求加工坡口。第6.3.1条:切口表面应平整、无裂纹、重皮、夹杂、毛刺、凹凸、熔渣、氧化物、铁屑等。第6.3.3条:管端坡口加工应符合焊接工艺规程要求。

4. 问题处理

对该焊缝割除,按规范要求打磨坡口、组对重焊。

【案例6】管道焊接外观质量问题(焊缝余高)

1. 背景

某联合站泵房内工艺管道焊接。监督人员检查过程中发现部分管线焊缝外观质量不合格。

2. 问题描述

对焊缝外观质量进行检查,发现焊缝余高超标(图2-12~图2-14)。

图 2 - 12　焊缝余高超标

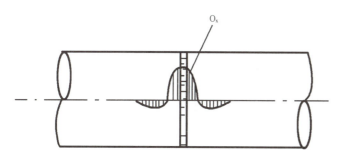

图 2 - 13　焊缝余高超标示意图

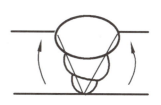

图 2 - 14　多层焊焊缝的应力分布

3. 问题分析

焊缝余高超高容易应力集中,影响焊缝强度。该问题违反了《石油天然气站内工艺管道工程施工及验收规范》(SY 0402—2000)第 5.4.1 条规定:管道对接焊缝应进行 100% 外观检查。外观检查应符合下列规定:4 焊缝表面余高应为 0 ~1.6mm,局部不应大于 3mm 且长度不大于 50mm。《石油天然气建设工程施工质量验收规范 - 站内工艺管道工程》(SY 4203—2007)第 8.3.2.4 条规定:焊缝余高应为 0 ~2mm,局部不应大于 3mm 且长度不大于 50mm。

4. 问题处理

将焊缝余高超标部分打磨掉,使其符合规范要求。

【案例 7】管道焊接外观质量问题(焊缝咬边)

1. 背景

某注水管线焊接。监督人员检查过程中发现管线焊缝外观存在缺陷。

2. 问题描述

焊缝存在咬边连续长度超标现象(图 2 - 15、图 2 - 16)。

图 2-15 焊缝存在咬边连续长度超标

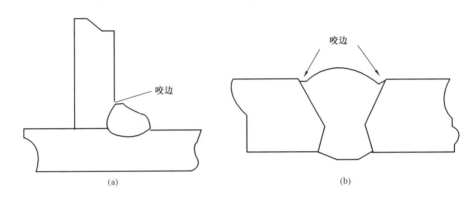

(a)　　　　　　　　　　　　(b)

图 2-16 焊缝存在咬边连续长度超标

3. 问题分析

焊缝咬边不能保证焊口的强度,对焊口质量影响较大,必须予以消除。对咬边部分重新打磨,进行补焊。

《钢质管道焊接及验收》规定:盖面焊道局部允许出现咬边。咬边深度应不大于管壁厚的12.5%且不超过0.8mm。在焊缝任何300mm的连续长度中,累计长度不应大于50mm。

4. 问题处理

对咬边部分重新打磨,进行补焊。

【案例8】工艺管线安装质量问题

1. 背景

某井场原油工艺管线,钢管材质为20钢,厚度3.5mm,焊接方式为对接,坡口角度为65°±5°,焊缝间隙为3mm,焊接方法为手工电弧焊,焊条型号E4303。

2. 问题描述

(1)管线防腐保温层端面未按要求加装防水帽。

(2)焊接接头未开坡口,且斜口组对。

(3)现场焊工严重违反焊接工艺,在焊缝上方开孔焊接(图2-17)。

图 2 - 17   工艺管线安装质量问题

3. 问题分析

（1）从外观看,图中较细管线防腐保温层端面没有用防水帽进行密封,不符合 SY/T 0415 中第 2.0.5 条的要求。

（2）焊接接头未开坡口,容易产生未焊透、未熔合等焊接质量缺陷;管道斜口组对很接易造成严重的应力集中及焊接缺陷,不符合 GB 50235 中第 6.3.11 条的要求。

（3）在管线上方开孔,然后通过开孔对焊缝的下半部分在内部进行焊接,严重违反了焊接工艺规程。

4. 问题处理

按规范对防腐保温层端面加防水帽,焊缝割除,加弯头重新焊接。

【案例 9】弯头焊接质量问题

1. 背景

某集输管道工程,管线材质为 20 钢,规格为 $\phi159mm \times 6mm$,焊接方法为手工电弧焊,焊条型号为 E4303 型焊条。

2. 问题描述

（1）管线组对未开坡口,未留间隙。

（2）熔合性飞溅未清理。

（3）地线直接点焊在母材上。

（4）焊条保温桶使用不当,不能起到保温作用（图 2 - 18）。

3. 问题分析

（1）管线组对未开坡口,只进行一次盖面焊,严重违反焊接工艺及《油田集输管道施工及验收规范》（SY 0422—97）第 6.3.5 条规定。$\phi159 \times 6$ 管道未开坡口,未留间隙,且只进行一次大电流盖面焊,会造成焊缝根部未焊透,同时造成焊缝金属出现粗晶组织,理化性能严重下降,焊接质量达不到要求。

（2）熔合性焊接飞溅未清理,不符合 SY 0422—97 中第 6.4.1 条规定,该条规定焊缝外观不允许存在熔合性焊接飞溅。

（3）地线点焊在母材上,对母材金属造成了破坏,影响管道性能。

(a)   (b)

图 2 - 18　弯头焊接存在质量问题

（4）《油田集输管道施工及验收规范》（SY 0422—97）第 6.2.4 条规定：焊条在使用前应该进行烘干，现场使用的焊条应存入保温箱内，随用随取。

4. 问题处理

（1）割除焊口，按焊接工艺及规范要求加工坡口，重新对管线进行组对焊接。

（2）该焊工停工培训。

（3）对现场质检员进行教育，提高工程质量的管理水平。

【案例 10】站内工艺管线安装质量问题

1. 背景

某联合站建设工程，监督检查发现站内工艺管线安装存在质量问题。

2. 问题描述

（1）工艺管线标高与混凝土支墩标高冲突，管线无法安装支托，无法进行防腐保温处理（图 2 - 19）。

图 2 - 19　工艺管线标高与混凝土支墩标高冲突

（2）部分设备工艺配管无支墩，管线悬空（图 2 - 20）。

图 2-20　工艺配管无支墩

3. 问题分析

（1）由于施工图纸中，工艺安装专业与土建专业所提供的标高不一致，造成管线与支墩基础标高冲突，管线无法安装支托，在基础位置无法进行防腐保温。

（2）施工图纸中没有考虑个别设备配管的支撑问题，造成部分设备工艺配管悬空，焊口及法兰受力较大。

（3）土建与工艺安装之间工艺交接不到位。

4. 问题处理

（1）悬空管道加混凝土支墩及管托。

（2）对管道与基础标高冲突的地方，由设计单位出方案，调整基础标高，保证管线能够进行防腐保温处理。

（3）加强土建与工艺之间的基础工序交接工作，便于发现问题及时处理。

【案例11】站内工艺管道安装质量问题

1. 背景

检查某站内工艺管道安装，发现管道焊缝位置，法兰连接存在质量问题。

2. 问题描述

（1）管道开孔位置距离管道焊缝很近，且没有进行补强处理（图2-21）。

（2）焊缝焊渣及周围飞溅物没有清除干净（图2-21）。

（3）预制的法兰短节长度太短，采用承插式三通连接时，造成相邻焊缝几乎重叠（图2-22）。

（4）法兰装配不规范，尚有多处螺栓空缺（图2-22）。

3. 问题分析

（1）开孔位置距离管道焊缝很近，没有进行补强，不符合规范要求。SY 0402—2000中第4.1.7条规定：不宜在管道焊缝位置及其边缘上开孔，当不可避免时，应对开孔处开孔直径1.5倍范围内进行补强，补强板覆盖范围内的焊缝应磨平。

（2）焊缝没有进行焊渣清理，不符合SY 0402—2000中第5.4.1条规定：焊缝焊渣及周围飞溅物应清除干净，不得存在有电弧烧伤母材的缺陷。

图 2 – 21　管道开孔位置距离焊缝很近，
未进行补强处理且焊渣和飞溅物没有清理干净

图 2 – 22　预制的法兰短节
长度太短，法兰多处螺栓空缺

（3）预制的法兰短节长度太短，采用承插式三通连接时，造成相邻焊缝几乎重叠，间距不符合 SY 0402—2000 中第 5.2.5 条规定：相邻两焊缝的距离不得小于 1.5 倍管道公称直径，且不得小于 150mm。

（4）法兰与阀门连接螺栓应配齐，拧紧。

4. 问题处理

（1）所焊焊口返工，重新下料，在保证符合规范要求的前提下，进行组对焊接。

（2）按照规范和设计文件要求，装配上齐全的螺栓。

【案例 12】设备配管安装质量问题

1. 背景

某站场内在卧式设备配管安装过程中监督检查发现的问题。

2. 问题描述

配管上法兰无法直接与设备连接，现场施工单位采用了（1）强力拉伸管线；（2）用火烤法兰根部并锤击使之变形这两种方式，强行安装法兰（图 2 – 23）。

图 2 – 23　配管上法兰无法直接与设备连接，现施工单位采用了不当方法

3. 问题分析

在预制配管下料时,未按照图纸标注尺寸进行组对焊接,下沟回填时,也未复核与设备之间的距离,导致无法与设备正常安装。《石油天然气建设工程施工质量验收规范 站内工艺管道工程》(SY 4203—2007)7.1.8 条明确规定:安装前应对阀门、法兰与管道的配合情况进行检查。

4. 问题处理

施工前做好工序检查,重新加工配管后,严格按照规范与设计文件施工。

【案例13】阀门安装质量问题

1. 背景

某转油站站内阀组间阀门安装,监督人员检查过程中发现阀门安装不规范。

2. 问题描述

阀门安装法兰螺栓超长(图2-24)。

图2-24 阀门安装法兰螺栓超长

3. 问题分析

(1)外露螺纹超长,致使拆卸困难,增加装卸工作量。

(2)反映出施工人员在装配前不认真核对管件,使用不恰当螺栓造成。

(3)此类问题违反了《石油天然气站内工艺管道工程施工及验收规范》(SY 0402—2000)第4.2.21条的规定:法兰连接应与管道保持同轴,其螺栓孔中心偏差不超过孔径的5%,并保持螺栓自由穿入。法兰螺栓拧紧后应露出螺母以外2~3牙,螺纹不符合规定的应进行调整。《石油天然气建设工程施工质量验收规范-站内工艺管道工程》(SY 4203—2007)第7.3.6条规定:拧紧后螺栓应大于螺母2个~3个螺距。

4. 问题处理

更换法兰连接螺栓。

【案例14】输油泵管线安装质量问题

1. 背景

某站场工程输油泵房,泵进口水平管采用偏心 DN150×80 大小头,泵出口采用同心

DN150×80 大小头;输油泵进口主管、支管均为 DN150 管线,采用骑座式连接。

2. 问题描述

(1)进口偏心大小头采用底平的方式进行安装(图 2 – 25)。

图 2 – 25　进口偏心大小头采用底平的方式进行安装

(2)主管、支管管径相同,采用骑座式焊接连接,没有采用三通(图 2 – 26)。

图 2 – 26　主管、支管管径相同没有采用三通

3. 问题分析

(1)泵进口水平管偏心大小头应采用顶平底部排液的方式,主要是防治气蚀。泵进口管安装若有倒坡现象会产生气囊,采用大小头与输油泵进口连接,如果是同心大小头,则在进口管上部有倒坡现象存在。异径管的大小头上部会存留从介质中析出的气体,因此必须采用偏心异径管且要求进口管的上部保持平直。

《压缩机、风机、泵安装工程施工及验收规范》(GB 50725—98)附录二:一、泵的吸入和排出管路的配置应符合下列规定:5. 吸入管路内不应有窝存气体的地方。当泵的安装位置高于吸入液面时,吸入管路的任何部分都不应高于泵的入口;水平直管段应有倾斜度(泵的入口处高),并不宜小于 5/1000 ~ 20/2000。

(2)泵在运转中,如果大小头处形成气囊,当介质向前经叶轮内的高压区时,气囊周围的高压液体致使气泡急剧地缩小以至破裂,并以很高的冲击频率打击叶轮表面,形成汽蚀。泵产生汽蚀后除了对过流部件会产生破坏作用以外,还会产生噪声和振动,并导致泵的性能下降,严重时会使泵中液体中断,不能正常工作。

(3)为了保证支管质量,《工业金属管道设计规范》(GB 50316—2000)(2008 版)第5.4.4.3 条规定:当主支管为等径时宜采用三通。第 5.4.4.5 条规定:有振动的管道不应采用焊接支管。本案例中输油泵进口管作为支管与主管管径相同,并且输油泵为振动设备,因此主管与主管应采用三通连接。

4. 问题处理

重新安装泵进口水平管,采用顶平方式;割除现场开口焊接三通,采用无缝三通或预制的焊接三通。

【案例 15】管线下沟质量问题

1. 背景

监督检查发现某转油站及其系统工程管线同沟敷设存在质量问题。

2. 问题描述

监督人员检查管线回填时,发现埋地管线隐蔽不规范。管沟开挖沟底不平整,管线距沟壁距离、管线之间的距离不符合设计要求(图 2－27)。

图 2－27 埋地管线隐蔽不规范

3. 问题分析

管沟底部如果不平整,回填后容易对管线悬空部分产生应力,对焊口产生危害,同时,易发生回填后的地表出现塌陷情况。该问题不符合以下规范要求:

(1)SY 0402—2000《石油天然气站内工艺管道工程施工及验收规范》:

6.0.1 管沟开挖应按管底标高加深 100mm。单管敷设时,管底宽度应按管道公称直径加宽 300mm,但总宽度不小于 500mm;多管道同沟敷设时,管沟宽应为两边管道外廓宽加 500mm。

6.0.4 管道下沟前,应清理沟内塌方和硬土(石)块,排除沟内积水。如沟底被破坏(超挖、雨水浸泡等)或为岩石沟底,应超挖 200mm,并用砂或软土铺垫。

6.0.5 管道应在不受外力的条件下,紧贴沟底放置到管沟中心位置,悬空段应用细土或砂塞填。

（2）SY 4203—2007《石油天然气建设工程施工质量验收规范－站内工艺管道工程》：

9.1.1 管沟开挖应按管底标高加深 100mm（用细土回填到设计标高）。单管敷设时，管底宽度应按管道公称直径加宽 300mm，但总宽不小于 500mm；多管道同沟敷设时，管沟底宽应为两边管道外廓宽加 500mm（沟下焊应适当加宽）。

9.2.2 管道与沟底应紧贴，悬空段用细土或砂塞填。沟底的水平度或坡底应符合设计要求。

4. 问题处理

（1）平整沟底，清除管沟的塌方、土石块等杂物。
（2）加宽管沟宽度，使管线间距符合要求。
（3）悬空段用细土或砂塞填。

【案例16】埋地管线回填质量问题

1. 背景

某山地丘陵地带集输管道工程，监督人员检查过程中发现管线回填存在质量问题。

2. 问题描述

管沟下沟回填时，未按规范要求对沟底 200mm 和管顶上方 300mm 先细土回填，管线回填土中含有大量石块，并致使防腐层破损（图 2－28）。

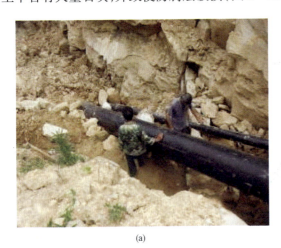 

（a）   （b）

图 2－28　埋地管线回填土不符合规范

3. 问题分析

管沟回填施工人员质量意识淡薄，回填土石方严重超标，不符合以下规范要求：

GB 50369—2006《油气长输管道工程施工及验收规范》：

① 下沟前，应复查管沟深度，清除管沟内塌方、石块、积水、冰雪等有损防腐层的异物。石方或戈壁段管沟，应预先在沟底垫 200mm 厚细土，石方段细土的最大粒径不得超过 10mm，戈壁段细土的最大粒径不得超过 20mm，对于山区石方段管沟宜用袋装土做垫层。

② 管道下沟后，石方段管沟细土应回填至管顶上方 300mm。细土的最大粒径不应超过 10mm。然后回填原土石方，但石头的最大粒径不得超过 250mm；陡坡地段管沟回填宜采取袋装土分段回填。回填土应平整密实。

4. 问题处理

（1）清除管沟内的石块等杂物，将破损的防腐层补伤处理，并进行电火花检测。

（2）先回填最大粒径不应超过 10mm 的细土层至管顶上方 300mm，再回填最大粒径不得超过 250mm 土石方。施工过程中注意有效保护防腐层不受损伤。

5. 问题启示

（1）土方工程往往由地方单位分包施工，总承包单位常常是以包代管，不注重对分包单位或现场施工人员质量行为的教育，未对现场实施质量监督管理。

（2）施工单位质检员未有效地开展日常工作检查，存在严重的渎职现象。

（3）现场监理人员未按监理细则要求进行巡视检查，监管不到位，形成管理上的失控。

【案例 17】集输管道敷设质量问题

1. 背景

某集输管道施工，多管共同敷设，管道埋深要求 1.2m，管线有穿越道路等情况。

2. 问题描述

（1）穿路套管内未按图纸要求使用绝缘支撑，管端未封堵（图 2 - 29）。

图 2 - 29　穿路套管内未使用绝缘支撑

（2）管线回填时未在管体周围使用细土，直接使用石方，破坏了防腐层（图 2 - 30）。

图 2 - 30　管线回填时未在管体周围使用细土

139

3. 问题分析

（1）管线的外防腐层与穿露套管直接接触，未使用绝缘支撑，套管端头未封堵，不符合设计要求及规范规定，留下了质量隐患。

（2）在管沟回填时，管线周围没有使用细土，不符合 SY/T 0422—2010 中第 13.3.2 条的规定。大型石块对管线的防腐层破坏严重，是典型野蛮施工现象。

4. 问题处理

（1）穿路套管与管线之间加装绝缘支撑，端头封堵。

（2）清理回填土，检查防腐情况，若有破坏，按标准规范对破坏处进行补伤。二次回填时使用细土。

【案例18】管道穿越质量问题

1. 背景

在某长输管道工程穿越公路段，管道两端已碰口完毕，回填前监督人员下沟检查时发现的问题。

2. 问题描述

施工在穿越部分增加了水泥套管保护管线，但未按设计安装绝缘支撑。管道自重易引起下侧防腐层减薄、损伤防腐层（图 2-31）。

图 2-31　管道穿越部分未按设计安装绝缘支撑

3. 问题分析

反映出施工人员在现场施工时不按照设计文件要求施工，施工班组未严格执行"三检制"，直接进入下道工序，是施工中典型的"低、老、坏"现象。

4. 问题处理

对损坏的防腐层采取补伤处理，对管线加上滑块等绝缘支撑，有效保护管道防腐层。

【案例19】定向钻管道穿越拖管质量问题

1. 背景

山区和丘陵地带,河流众多,为保护生态环境,管道在穿越河流时尽量避免采用大开挖,多采用定向钻管道穿越方式。

2. 问题描述

某定向钻穿越管线出口端前5m段防腐层严重受损,约1.5m长已见环氧粉末涂层。定向钻穿越管线出口端5~10m段牺牲套大部分脱落,原管道聚乙烯防腐层表面多处存在约1mm深的多道划痕。图2-32中管道在穿越地下孔洞时,因与孔壁岩石摩擦,前段出孔端部分防腐层受到严重损伤。

(a)   (b)

(c)   (d)

图2-32　管道穿越地下孔洞时,前段出孔端部分防腐层受到严重损伤

3. 问题分析

(1)定向钻最末一次清孔过快,未将岩石孔道中突出的尖角清理掉,造成拖管时前段管道防腐层被严重刮伤。

(2)用于保护管道防腐层的前30m段牺牲套,在施工时未按聚乙烯热收缩套施工技术要求,对原管道聚乙烯防腐层表面进行认真清理和打磨,且在烤制热缩套时加热温度不够,造成牺牲套与原管道聚乙烯防腐层表面粘结较差,在管道牵引过程中,牺牲套与孔壁岩石摩擦形成脱落,未起到有效的保护效果。

4. 问题处理

（1）减缓最末一次清孔的速度，最大程度地清理掉岩石孔道中突出的尖角。

（2）在管道牵引头部分环形地焊接几片高度超过管道防腐层的钢板，以达到在牵引管道过程中，前端的铁板可将岩石孔道中突出的尖角清理掉，起到保护管道防腐层的作用。

（3）在烤制牺牲套时，认真地对原管道聚乙烯防腐层表面进行清理和打磨，烤制时切实按施工技术要求加热到规定的温度，以确保牺牲套与原管道聚乙烯防腐层表面有足够有粘结强度（图2-33）。

图2-33　改进工艺后的某定向钻穿越，拖管后管道前端防腐层表面基本无损伤

【案例20】山地施工段管道防腐层保护质量问题

1. 背景

某山区地带石方地段的管道建设。

2. 问题描述

管道布管过程中，与岩石接触部分未采用支架将管道托起，易造成防腐层及管道本体的损伤（图2-34）。

(a)　　　　　　　　　　　　　　(b)

图2-34　管道布管过程中，与岩石接触部分未采用支架将管道托起

3. 问题分析

山地管道线路施工,需要在陡峭岩壁上布管和焊接,难度较大,施工队伍往往将工作重点集中在如何安全地把管道运到位,安装上。然而如何处理好布管、安装过程中,管道防腐层保护这一重要环节常常被忽略。因此在施工过程中很少对管道的防腐层采取有效防护措施,导致管道在布管过程中防腐层直接与坚硬的岩石接触或摩擦,这样就将不可避免地会造成管道防腐层及管道本体的损伤。

4. 问题处理

(1)陡峭的山崖上布管,在沿岩壁开凿的管沟输送管道时,应预先在管道防腐层表面绑扎一些竹片之类耐磨材料,以防止在管道输送途中造成防腐层损伤。

(2)管道安装时,应在管道与岩石之间采用支架将管道托起,以防止管道防腐层及管道本体直接与岩石接触,被岩石损伤。

5. 问题启示

(1)管道线路施工,防腐工作的好坏,直接关系到管道安全运行和使用寿命。

(2)在施工困难的地区或地段,施工单位的自查和监理的检查往往不到位。

(3)部分施工队伍,质量管理混乱,只图完成任务,交差了事,很少顾及防腐层是否会受到损伤的问题。

(4)越是施工环境困难的地段,越要加强监督检查力度。

【案例21】布管的质量问题

1. 背景

某集输干线施工现场,检查发现布管情况存在质量问题。

2. 问题描述

监督人员在检查管道组对焊接时,发现管道防腐层损坏较多。局部出现大块破损现象(图2-35、图2-36)。

(a)　　　　　　　　　　　　(b)

图2-35　野蛮布管,造成管道防腐层损伤和大量泥土进入管内

(a)   (b)

图 2-36　采用钢丝绳起吊,造成管道防腐层损伤

3. 问题分析

造成管道防腐层损伤的原因:

(1)施工队伍质量意识较低,"低、老、坏"行为突出,严重违章操作,违反施工规范要求。

(2)施工单位管理人员和现场监理视而不见,严重失职。

4. 问题启示

(1)施工现场管理制度执行的好坏,是确保工程质量的一个非常重要的环节。

(2)监理人员在现场的不作为,将给工程质量留下严重的隐患,这样的人员应给予严肃批评或撤换。

【案例22】管道组对焊接中的"低、老、坏"问题

1. 背景

监督检查某丘陵地带天然气集输管道组对焊接质量。

2. 问题描述

管沟开挖和焊接均随弯就弯,不作处理,造成弯头的使用极不合理(图2-37、图2-38)。

图 2-37　管沟开挖和焊接均随弯就弯,未作处理(一)

图2-38 管沟开挖和焊接均随弯就弯,未作处理(二)

3. 问题分析

造成上述问题的主要原因:

(1)施工班组一味追求焊口数,未顾及工程质量和工程的投资。

(2)监理人员对管沟开挖和管道组对未切实履行协调管理的职责。

4. 问题启示

不合理的使用弯头,其结果:

(1)焊口数量增加,不安全因素也随之增加(泄漏点,以及焊缝质量问题所引起的管道强度减弱等)。

(2)材料费用增加(弯头、焊条、热缩套等)。

(3)安装费用增加(焊接、检测、防腐等)。

(4)工期延长。

【案例23】管沟回填的质量问题

1. 背景

对某集输管道水田地段回填情况进行监督检查。

2. 问题描述

现场发现管沟因回填不及时,管沟渗水后形成浮管(图2-39)。

(a)   (b)

图2-39 管沟因回填不及时渗水后形成浮管

3. 问题分析

(1)水田和池塘段施工,土质松软,渗水严重,管道下沟后若不及时组织力量进行回填,就易因沟边泥土的垮塌造成浮管。

(2)水田和池塘段施工,未按设计或规范要求采取有效的防范措施(分段增设加重块或用砂袋压管等)。

(3)管道上浮后,大量泥土回入沟底,若不处理,回填后管道的实际埋深常常无法满足设计要求,农民在耕作时造成管道防腐层损伤,直接影响到管道的使用寿命。

4. 问题处理

(1)管沟若存在渗水现象,管道下沟后应及时组织力量进行回填,回填前应先进行一次清沟,以确保满足设计埋深要求。

(2)不能及时进行回填的,应采取有效的防范措施,防止因渗水或降雨造成沟边泥土的垮塌,形成浮管。

【案例24】管道试压质量问题

1. 背景

某集输管道工程采用大开挖方法穿越一长约18m的河流地段,根据施工组织设计,对穿越段管线采用以水为介质的单体试压。

2. 问题描述

(1)试压管段两端均未安置温度计,无法准确测量试压介质温度(图2-40)。

(2)试压用一精密压力表已过检定有效期,无法保证压力测量值的准确性(图2-41)。

图2-40　试压管段两端均未安置温度计　　图2-41　试压用精密压力表已过检定有效期

3. 问题分析

试压时温度宜控制在5℃以上进行,管道分段水压试验时的压力值必须测量精准,才能保证强度试验和严密性试验的科学有效性。

以上问题违反了《油气长输管道工程施工及验收规范》(GB 50424—2007)第12.0.9条规定:2 试压宜在环境温度5℃以上进行,否则应采取防冻措施。4 试压用的压力表应经过校验,并应在有效期内。压力表精度应不低于1.5级,量程为被测压力的1.5～2倍,表盘直径不应小于150mm,最小刻度应能显示0.05MPa。试压时的压力表应不少于2块,分别安装在试压管段的两端。稳压时间应在管段两端压力平衡后开始计算。试压管段的两端应各安装1支温度计,且避免阳光直射,温度计的最小刻度应小于或等于1℃。

【案例25】线路堡坎质量问题

1. 背景

山地、丘陵管道线路建设,管沟开挖往往造成坡地土壤和岩石结构的破坏,为防止水土流失,很多地段需用条石砌筑挡土墙。

2. 问题描述

(1)线路条石挡土墙未按设计要求砌筑,大块的条石直接安放在了管道上,易造成管道和防腐层的损伤(图2-42)。

(2)未按规定设置泄水孔,易造成挡土墙垮塌(图2-43)。

图2-42 线路条石挡土墙未按设计要求砌筑　　　图2-43 未按规定设置泄水孔

3. 问题分析

(1)在制作条石挡土墙时,直接将条石安放在管道上,坚硬的棱角往往会划伤管道防腐层,直接影响到管道使用寿命。

(2)条石直接安放在管道上,往往因地基的下沉,造成上覆条石挡土墙的重量直接施加到了管道上,造成管道被挤压变形或焊缝应力增加,影响管道安全使用。

(3)挡土墙若未设置泄水孔,遭遇强降雨时,会因积水太多引起土壤膨胀,易造成挡土墙被推倒。

第三章 静设备安装工程

本章针对油气田地面建设静设备安装工程中常见质量问题,列举了储罐焊接、储罐组装、储罐浮顶安装、储罐构件安装、球罐组对、球罐安装、整装容器类设备安装、塔类设备平台安装等17个典型案例。

【案例1】储罐底板焊接

1. 背景

某 $5 \times 10^4 \text{m}^3$ 浮顶油罐,罐底中幅板材质为 Q235B,厚度为 10mm,焊接接头为带垫板对接接头,坡口角度为 40°±5°,焊缝间隙为 5mm,垫板为 5×100Q235A 扁钢,焊接方法为 CO_2 气体保护半自动焊打底 + 埋弧碎丝填充焊焊接。CO_2 气体保护半自动焊采用 JM-56ϕ1.2 焊丝;埋弧碎丝填充焊采用 H08Aϕ1.0 碎焊丝、H08Aϕ3.2 焊丝和 SJ101 焊剂(图3-1~图3-3)。

图3-1　CO_2 气体保护半自动焊

图3-2　埋弧碎丝填充焊

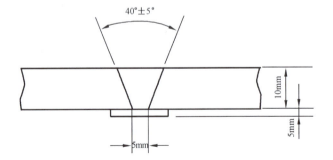

图3-3　罐底对接中幅板坡口型式图

2. 问题描述

(1)CO_2 气体保护半自动焊打底焊缝高度超标,最高达 8mm(图3-4)。

(2)现场焊工严重违反焊接工艺,采用 CO_2 气体保护半自动焊在碎焊丝上施焊(图3-5)。

图 3 - 4   CO₂ 气体保护半自动焊打底焊缝高度超标

图 3 - 5   违反焊接工艺采用 CO₂ 气体保护半自动焊在碎焊丝上施焊

3. 问题分析

（1）质量监督人员在检查时注意到，CO₂ 气体保护半自动焊打底焊缝高度过高，不合常规，引起了质量监督人员的重视与怀疑，从而进行深入检查，发现了电焊工严重违反焊接工艺，采用 CO₂ 气体保护半自动焊在碎焊丝上施焊的事实。

（2）电焊工采用 CO₂ 气体保护半自动焊在碎焊丝上施焊，可以大幅减少焊缝熔敷金属量，提高焊接速度，降低劳动强度。但是由于 CO₂ 气体保护半自动焊焊接电流相比埋弧自动焊较小、熔深浅，因此用 CO₂ 气体保护半自动焊在碎焊丝上施焊导致根部焊丝不能熔化，产生大量未熔合缺陷。

（3）多台储罐同时施工，施工单位技术、质量管理人员配备不足，管理上出现漏洞。

（4）对员工的教育不够，员工质量意识不高，对质量问题所产生的后果认识不足。

（5）现场监理人员监理不到位，在工序质量控制上严重失职。

【案例 2】储罐罐底焊接变形

1. 背景

某储油罐区新建三座 $10 \times 10^4 m^3$ 储油罐，罐底中幅板材质为 Q235B，厚度为 11mm，焊接接头为带垫板对接接头,坡口角度为40°±5°,中幅板焊缝间隙为5mm,垫板为5×100Q235A扁钢。焊接方法采用CO_2气体保护半自动焊打底+埋弧碎丝填充焊焊接。罐底边缘板材质为08MnVR,采用手工电弧焊焊接;焊接前检查,罐底组对质量符合设计及规范要求。

2. 问题描述

焊接过程中检查,发现先施工的B罐罐底焊接变形大,焊后局部凸凹达45mm(图3-6);罐底个别中幅板焊道间隙宽窄不匀,累计间隙达0~22mm(图3-7)。

图3-6 罐底焊接收缩造成间隙过大

图3-7 焊缝收缩、龟甲焊缝间隙太小

3. 问题分析

施工单位焊接工程师、焊接专家到现场与焊接负责人、焊接技师、电焊工,监理工程师及监督人员等共同分析认为,B罐罐底焊接变形大的原因主要有:

(1)焊接管理及焊接纪律不严格造成,焊接工艺和焊接评定并不存在问题。

(2)施工人员没有严格执行工艺纪律,焊工没有按同步对称退步焊接顺序施焊。

(3)未采取防变形措施;多名焊工同时焊接,但各条焊缝始焊点不对称,分段长短不均,焊速快慢不一,没有严格按隔缝同步对称退步焊焊接工艺施焊。在焊接应力的作用下,使焊道收缩集中,焊接变形大。

(4)监理单位人员配备不全,无安装、焊接专业监理工程师,非专业监理人员不能有效控制焊接质量。

4. 问题处理

(1)严肃焊接纪律,采取有效防变形措施,严格按隔缝同步对称退步焊焊接工艺施焊。

(2)施工单位质保体系跟踪检查指导。

(3)监理单位选派有经验的焊接专业监理工程师,加大现场监控。

(4)采取防变形措施,严格按焊接工艺指导书并进行隔缝对称退步焊后,焊接变形明显减小,隔缝焊道间隙无明显变化,焊后局部凸凹小于30mm;在其后的几座储罐的施工中,罐底的焊接变形都比较小,焊缝间隙无明显变化,焊后局部凸凹均小于30mm。

【案例3】储油罐浮舱泄漏

1. 背景

某储备油库共建造 $10 \times 10^4 \text{m}^3$ 储油罐10座,浮船底板设计为双面密封焊,施工验收设计要求按《立式圆筒形钢制焊接储罐施工及验收规范》(GB 50128—2005)。建成投产后,发现已陆续投用的7座 $10 \times 10^4 \text{m}^3$ 原油储罐浮船均出现有不同程度的渗油、漏油。

2. 问题描述

储备库运行人员在巡检时发现7座油罐共有32个浮舱有不同程度的漏油、渗油,共有渗漏点达40处。其具体分布情况为:1处漏点位置位于钢板上,其余39处均在焊缝处。在位于焊缝处的39处渗漏点中,33处漏点为气孔缺陷造成,其中8处位于T焊缝上,25处位于直焊缝上;6处漏点为夹渣缺陷造成,其中4处位于T焊缝上,2处位于直焊缝上。

3. 问题分析

(1)浮船密封焊焊接和检验不认真,使漏点未能发现。

(2)浮船底板搭接焊缝采用双面密封焊,设计仍按《立式圆筒形钢制焊接储罐施工及验收规范》(GB 50128—2005)进行检测,没有对检测时机、检验方法提出新的施工要求。

(3)浮船底板双面密封焊可能导致真空试漏失效。

浮船底板上下表面搭接焊缝采用全密封焊形式,焊接完成后形成了一个宽近40mm(即浮船底板搭接宽度)、长达数米以上的狭长通道。狭长通道内是一个大气压,只要试验负压值不小于 -53kPa,一般的缺陷能被发现。但当漏点较多而缺陷较小时,随着焊道试漏频次的增加,被抽出的空气量将远大于自然补充的空气量,使焊道狭长通道空间内的气压小于一个大气压甚至成为负压,(其负压值与试漏频次、漏点的大小——即自然补充的空气量成反比)。此时若还按53kPa的负压值进行试验,则实际作用于焊道上的负压值小于53kPa,严密性试验的负压值减小了,就很难检查出微小漏点,从而使检测失效。

(4)浮船底板双面密封焊导致充水试验时漏点难以发现,浮船底板焊道上非常微小的气孔等缺陷只有经过较长时间的投油浸泡才能暴露出来。

(5)施工工序安排不当。

施工工序未作相应调整,规范规定的检验方法和标准是在单面密封焊的前提下规定的,双面密封焊要想采用原检验方法和标准,就必须调整施工工序,在上表面密封焊后、下表面搭接焊缝密封焊前就应进行真空试漏检验。

从渗漏点分布位置、缺陷性质、渗漏面积等进行分析,造成储罐浮舱漏油的直接原因是存在焊接质量缺陷,根本原因是由于设计发生变化后,没有提出新的施工及检验要求;施工单位也未对施工工序进行相应的调整,尤其对焊缝质量检测的时间、严密性试验负压值没有进行有效调整,导致真空试漏的检测方式不能发现焊接缺陷。

【案例4】储罐壁板环焊缝焊接缺陷

1. 背景

某工程 $5 \times 10^4 \text{m}^3$ 双盘式浮顶油罐,第一、二圈壁板的板质为Q345R,厚度为:30mm和26mm,焊接接头为对接接头,坡口形式K型,坡口角度为 $45° \pm 2.5°$,焊缝间隙为1mm,焊接方法为埋弧自动焊焊接。埋弧自动焊采用焊条为 JW-1、φ3.2mm。

2. 问题描述

(1)第一、二圈壁板环焊缝初层焊道出现气孔,修磨时不到位(图3-8)。

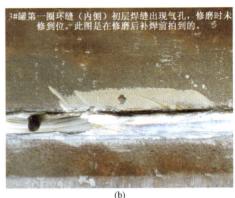

(a)　　　　　　　　　　　　　　(b)

(c)

图3-8　第一圈环缝初层焊缝出现气孔,修磨不到位

(2)打磨人员打磨不彻底,修磨不到位就想通知焊工直接进行填充焊。

(3)违背了焊接工艺规程及焊接工艺纪律的要求。

3. 问题分析

(1)打磨人员违背了焊接工艺规程的要求,且责任心不强,质量意识淡薄。

(2)环焊缝按 GB 50128—2005 标准的要求,探伤检查为按比例抽查,如修磨不到位,专职质量检查或监理人员未及时发现,可造成该缺陷将被永远遗留在储罐中。

【案例5】储罐开孔补加强圈被随意断开且焊缝质量不合格

1. 背景

某工程 $5 \times 10^4 \text{m}^3$ 双盘式浮顶油罐浮船下表面开孔,设计要求在浮船下表面开孔处焊接一个加强圈进行补强,材质为 Q235-A,厚度为 10mm,焊缝为角焊缝。

2. 问题描述

施工人员没有按照图纸要求下料,而是随意将完整的加强圈切成两部分(图3-9)。

(a) 设计要求

切断后的焊缝

(b) 被随意切断后增加两处焊缝

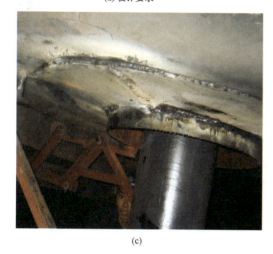

(c)

(d)

图 3 - 9　储罐开孔补加强圈未按图纸要求

3. 问题分析

（1）施工人员在构件下料时违背施工技术要求,随意切断整体的预制构件。

（2）因浮船船舱底板随浮船的上下升降,该补强的加强圈焊缝受上下弯曲力的作用很容易疲劳而断裂。

（3）加强圈与船舱底板及穿浮船船舱的套管处焊接为角焊缝,且仰焊难度大,造成此处角焊缝外观不理想、焊缝高度不够,由此造成焊接质量不合格,因此造成补强的强度达不到设计要求;使用过程中很容易在此产生疲劳断裂的发生。

【案例6】储罐浮顶集水坑筒体安装

1. 背景

某工程 $5 \times 10^4 m^3 m^3$ 双盘式浮顶油罐浮船下表面开孔安装浮顶集水坑筒体,材质为 Q235 - A,厚度为 10mm,筒体直径为 $\phi 970mm$。设计要求浮船下表面板与该筒体的焊缝为角焊缝。

2. 问题描述

（1）浮船下表面板在开孔时因下料偏差,造成集水坑与浮船船舱底板的管板角焊缝间隙过大无法焊接(图 3 - 10)。

（2）施工人员在间隙过大处埋入了钢板或焊条,然后用焊条在钢板或焊条上进行盖面焊接(图 3 - 10)。

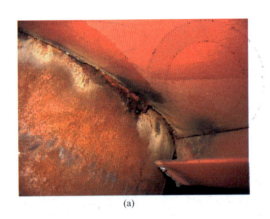
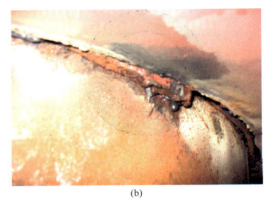

(a)   (b)

图3-10　集水坑与浮船船舱底板的管板角焊缝间隙过大,进行了不规范焊接

3. 问题分析

(1)施工人员严重违背了焊接作业人员基本的职业道德。

(2)现场施工管理人员不到位,没有及时制止这种违规作业事件的发生。

(3)因埋入钢板或焊条等物,造成此处角焊缝强度达不到设计及标准规范的要求,随着生产运行时间的推移,随时都有焊缝开裂造成浮船船舱漏油事件的发生。

【案例7】储罐浮顶安装

1. 背景

某工程 $5 \times 10^4 m^3$ 双盘式浮顶油罐浮船船舱与舱内桁架焊接,浮船顶板为 Q235 - A,厚度为4.5mm,桁架角钢为63×5,焊接形式:仰焊、角焊缝。在船舱内焊接,活动空间高度600~800mm,焊接作业受限制。焊接长度要求为:断续焊100(100)mm,即间隔100mm焊接100mm,焊缝高度为4.5mm。

2. 问题描述

(1)实际现场焊接情况是间隔大部分都大于100mm,而焊缝长度大部分不足100mm,一般都在40~80mm范围内,焊缝高度基本达不到4.5mm。

(2)大部分焊缝都是用大电流堆集的焊瘤与孔洞,不是连续的焊缝。

(3)因焊接电流较大、焊条较粗,咬边、咬肉严重,很容易把浮船顶板烧穿(图3-11)。

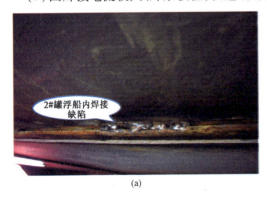
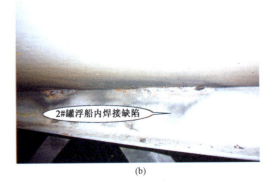

(a)   (b)

图3-11　浮船内焊接有缺陷

3. 问题分析

（1）施工人员没有严格按照图纸标注的焊接要求进行焊接作业。

（2）施工人员质量意识淡薄，认为此处不是关键环节，因船舱狭窄，不容易被发现，所以存在得过且过的侥幸心理。

（3）长期的"低老坏"作风是造成此焊接缺陷的主要原因。

（4）客观上在船舱内焊接作业存在一定的不方便，加上通风不利，使作业人员受烟熏呛，手眼不一是造成此焊接缺陷的客观原因。

【案例8】球罐支柱安装

1. 背景

某轻烃球罐安装工程，球壳板壁厚36mm，材质为Q345R，设计要求焊接完成后进行整体热处理。球罐安装前对基础进行了交接检验，基础标高及滑动钢板水平度符合规范要求。

2. 问题描述

质量检查时发现球罐支柱底座安装不符合规范要求，主要存在以下问题：

（1）球罐支柱不垂直，支柱底座存在倾角（图3-12）。

（2）垫铁安装位置及使用错误，垫铁安装在滑动板之上（图3-13）。

图3-12　球罐支柱不垂直 　　　　　图3-13　垫铁错误地安装在滑动板之上

（3）球罐支柱底座加斜垫铁安装，支腿无法在基础钢板上滑动（图3-14）。

图3-14　球罐支柱底座加斜垫铁

3. 原因分析

（1）球罐支柱拉杆未调整，支柱不垂直，在拉杆的作用下使部分支柱倾斜，进而使支柱底座产生倾角。施工人员在翘起的支柱底座下加了斜垫铁。

（2）垫铁安装位置及使用错误。《石油化工静设备安装施工质量验收规范》GB 50461—2008 第4.3.4条以强制性条文的形式规定：焊后进行整体热处理的球形储罐，在支柱底板与垫铁组之间应设置滑动底板。即找平垫铁组应设置在基础滑动底板下面，而在滑动底板与支柱底板之间加垫铁，则滑动副被破坏，使滑动底板功能失效。

（3）球罐支柱底座加斜垫铁安装，球罐整体热处理时球体膨胀后支腿无法在基础钢板上滑动。

（4）对于设计要求进行热处理的球罐，因球罐整体热处理时支柱在钢板上要滑动。在滑动力的作用下推挤斜垫铁，可能将未固定的斜垫铁挤出，从而使球罐支柱失稳，造成事故。

4. 问题处理

（1）去除滑动钢板之上的所有垫铁。

（2）因基础标高及预设滑动钢板水平度符合要求，可通过调整支柱拉杆，并用千斤顶、倒链等工具移动支柱底座，使支柱底座与滑动底板恢复平面接触；在球罐径向和周向两个方向检查支柱垂直度及支柱拉杆受力情况，使其符合规范要求。

（3）球罐整体热处理后用同样的方法再次逐个调整支柱拉杆，检查支柱垂直度和拉杆挠度使之符合规范要求后，紧固地脚脚栓螺。

【案例9】液化气球罐组对

1. 背景

监督人员在对某轻烃回收装置工程的检查中发现，施工单位已完成自检，即将进行焊接施工的400m³液化气球罐，3张下极板与赤道板组对间隙超标，同时由于施工单位在组对过程中使用气割的方式对球片几何尺寸进行修正，造成坡口表面不规整。

2. 问题描述

现场检查时肉眼观察到球壳板采用气割后，未加工打磨坡口直接组对；使用焊接检验尺对球罐组对质量检查，发现液化气球罐赤道板实际组对间隙局部达6~8mm，不符合焊接工艺规程和规范规定组对间隙 2±2mm 的要求（图3-15）。

(a)

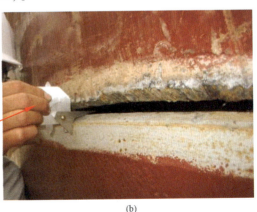
(b)

图3-15　液化气球罐赤道板实际组对间隙过大不符合焊接工艺规程

3. 问题分析

（1）制造厂球壳板下料几何尺寸超标；现场对球壳板几何尺寸检查不认真，未发现超标或未作处理。

（2）组对时对超标部位局部火焰切割超量，未对气割坡口表面打磨平整光滑，亦未对火焰切割渗碳层清除、对熔渣与氧化皮未清除干净，直接焊接给焊接质量带来隐患。

（3）按焊接工艺规程：采用手工电弧焊时，组对间隙宜为 $2 \pm 2mm$；而实际组对间隙局部达 $6 \sim 8mm$，严重超标后使焊接难度加大，强行焊接使接头组织发生变化，焊接质量难以保证。

（4）施工单位对Ⅲ类压力容器现场安装重视不够，质量保证体系运行不正常，施工质量失控，违反焊接工艺规程。施工单位自检以及监理单位检查不到位。

4. 问题处理

（1）用砂轮机清除火焰切割渗碳层，对气割坡口表面打磨平整光滑。

（2）因球壳板尚未焊接，可通过调整左右相邻球壳板组对间隙，来缩小该超标焊缝的组对间隙，以确保焊接质量。

【案例10】立式圆筒形钢制储罐盘梯安装

1. 背景

某联合站立式圆筒形钢制储罐盘梯支架及保温支撑圈安装。

2. 问题描述

（1）罐壁上连接件的垫板与罐壁环焊缝之间的距离不满足《立式圆筒形钢制焊接储罐施工及验收规范》GB 50128—2005 中不小于 75mm 的要求（图 3 - 16）。

图 3 - 16　罐壁上连接件的垫板与罐壁环焊缝之间距离大于 75mm

（2）储罐盘梯支架距离环焊缝过近，其中有一处设置在环焊缝边缘；包边角钢对接接头与罐壁纵向焊缝之间的距离小于 200mm；盘梯踏步未按要求双面满焊（图 3 - 17）。

图 3 - 17 储罐盘梯焊接及安装不符合规范

(3)保温支撑圈距环缝不足50mm(图3-18)。

图 3 - 18 保温支撑圈距环缝不足50mm

3. 问题分析

(1)盘梯支架、保温支撑圈与罐壁焊接点距离环焊缝过近,会对焊缝会产生不利影响,不符合《立式圆筒形钢制焊接储罐施工及验收规范》GB 50128—2005 第3.2.1 条规定。

(2)施工人员在安装包边角钢及盘梯支架时未考虑其对罐壁焊道的影响。

(3)焊道不饱满、未采取双面焊,存在质量安全隐患。

4. 问题处理

(1)罐壁上连接件、垫板与罐壁环焊缝之间的距离及包边角钢对焊接头与罐壁纵向焊缝之间的距离不符合标准要求的,对该处罐壁环焊缝进行射线或超声检测。

(2)检查所有焊道及焊接点的焊接质量,对不符合要求的进行处理或修补。

(3)盘梯踏步按要求双面满焊。

【案例11】卧式设备滑动端安装

1. 背景

油气田场站中卧式设备安装占很大比例,卧式设备容器主要有各种卧罐、各类换热器、冷凝冷却器、反应釜等。这些设备尽管工作介质和工作温度不尽相同,但在温差的作用下都会产生轴向收缩。因卧式设备存在轴向伸缩问题,设备在基础上有滑动,故设备基础在一端设滑动钢板。根据其特性,卧式设备在安装时一端固定另一端自由滑动。

2. 问题描述

检查中发现卧式设备滑动端安装存在如下问题：

（1）滑动端未预埋滑动钢板，不能满足使用功能（图 3 - 19）。

图 3 - 19　卧式设备滑动端未预埋滑动钢板

（2）部分卧式设备及冷换设备滑动端的地脚螺栓不在长螺孔的中心位置，而是顶在了滑动端长螺孔的内侧，限制了设备的滑动（图 3 - 20）。

图 3 - 20　部分卧式设备及冷换设备滑动端的地脚螺栓不在螺孔中心

（3）卧式设备滑动支座与基础预埋钢板之间加垫铁焊成一体，使设备无法滑动（图 3 - 21）。

图 3 - 21　卧式设备滑动支座与基础预埋钢板之间加垫铁焊成一体

（4）滑动支座底部滑动面未清理干净，滑动板不涂润滑脂，影响设备滑动（图3-22）。

图3-22　滑动支座底部滑动面未清理干净

（5）地脚螺栓采用方垫片时，方垫片又顶在设备鞍座立板上，使设备无法正常滑动（图3-23）。

（6）部分卧式设备滑动端不使用垫片或垫片规格不正确，螺母与垫圈之间未留0.5~1.0mm的间隙，螺帽紧固后不按规定进行倒扣，不加备帽，造成投产后无法正常滑动将设备基础推裂等（图3-24）。

图3-23　滑动端螺栓未加备帽锁紧，垫片规格不正确

图3-24　螺帽紧固未按规定倒扣，造成投产时将基础推裂

3. 问题分析

（1）卧式设备滑动端支座与滑板应能自由滑动的功能要求。

（2）在工作温度下产生膨胀或收缩的设备，应将滑动侧地脚螺栓拧紧，与管道连接完毕后，再松动螺母，然后另用一锁紧螺母将其锁紧；设备滑动板与螺母应保持0.5~1.0mm间隙。

（3）换热设备滑动支座长圆孔两端与基础地脚螺栓的间距应符合滑动的要求，螺栓宜处于螺孔的中心位置，找正、找平后应及时紧固地脚螺栓的规定。

【案例 12】设备与基础匹配

1. 背景

某工程 50m³ 缠绕式玻璃钢污水罐安装,施工单位未对设备与基础尺寸进行核实的情况下,直接进行设备吊装,同时该工程的热水换热器存在地脚螺栓位置与设备底座不配套就进行安装的现象。

2. 问题描述

整体到货的非标设备到场安装时,设备与基础尺寸严重不吻合,缠绕式玻璃钢污水罐支座与设备基础偏差 400mm。热水换热器钢筋砼基础轴线实测 1515mm,热水换热器底座螺栓尺寸 1400mm,偏差 115mm。施工单位未按有关标准规定进行自检,监理单位也未按要求验收(图 3-25)。

(a)　　　　　　　　　　　　　　　　(b)

图 3-25　整体到货的非标设备与基础尺寸不吻合

3. 问题分析

(1)分别对设备基础设计文件、设备基础验收记录、设备的规格、型号与设备基础进行核实,设备基础与设备几何尺寸符合设计要求,进一步分析造成设备与基础不匹配的原因,设计单位没有严格执行图纸会审制度,不同专业设计之间出现错误。

(2)专业之间沟通不够,基础施工前没有与安装专业核对落实设备安装尺寸。

(3)施工单位的施工管理存在问题,质量管理体系没有落实到位,安装前未对设备与基础的几何尺寸进行核实。

【案例 13】换热器安装

1. 背景

某联合站施工中换热器的安装,管壳式换热器直径 800mm,两底座间距 6m。

2. 问题描述

(1)底座地脚螺栓孔与基础工字钢腹板位置冲突,地脚螺栓安装没有空间(图 3-26)。

图 3 - 26 底座地脚螺栓孔与基础工字钢腹板位置冲突

（2）底座与基础工字钢间未安装地脚螺栓，而是焊接连接，不符合 SY/T 0448 中第 3.4.1 条的规定（图 3 - 27）。

图 3 - 27 底座与基础工字钢间未安装地脚螺栓，而是焊接连接

3. 问题分析

（1）设计人员在设计过程中忽略了地脚螺栓安装的细节问题，换热器地脚螺栓孔为单排，如果在基础工字钢上开连接孔，则其位置恰在腹板上。

（2）由上述设计问题直接导致了施工单位没有按规范安装地脚螺栓，换热器一端为固定端另一端为活动端，底座上的螺栓孔分别为圆孔和长圆孔，活动端地脚螺栓安装时为双螺母形式，下部螺母拧紧并且完成工艺配管后，再松动螺母使其与垫片之间存在 0.5 ~ 1.0mm 间隙，然后用锁紧螺母紧固，以保证温度变化导致设备伸缩时活动端能自由活动。将底座与工字钢进行焊接，不能起到这一作用。

4. 问题处理

设备与工字钢的焊点要求打磨掉，满足滑动要求；设计对工字钢强度进行核算后，在工字钢腹板上开一长孔，以满足地脚螺栓的位置需要，然后按标准规范加装设备的地脚螺栓。

【案例 14】三相分离器安装

1. 背景

某转油站建设工程，三相分离器安装。

2. 问题描述

（1）设备滑动端，二次灌浆将预留滑动长孔灌满，失去滑动作用（图3-28）。

图3-28　设备滑动端，二次灌浆将预留滑动长孔灌满

（2）基础抹面将设备滑动端底座抹住，设备无法滑动（图3-29）。

图3-29　基础抹面将设备滑动端底座抹住

（3）滑动端地脚螺栓使用单螺母，未加垫片，未抹防锈油脂保护；设备底座被混凝土抹住，无法滑动（图3-30）。

图3-30　滑动端安装不规范

(4)地脚螺栓外露长度超标,螺栓未拧紧;螺栓倾斜(图3-31)。

图3-31　地脚螺栓安装不规范

(5)地脚螺栓超长,锁紧螺母未按规范施工(图3-32)。

图3-32　地脚螺栓超长,锁紧螺母安装不符合规范

3. 问题分析

(1)SY 201.3—2007中第6.2.4条规定卧式容器安装时活动支座底部与基础间滑动面应清理干净,涂抹润滑剂,滑动端的限位螺栓拧紧后应将螺母拧松一扣,保证容器能沿轴向自由滑动。该设备安装时,二次灌浆将设备滑动端预留长条孔灌满,将导致设备无法自由滑动;基础抹面将设备滑动端底座抹住,设备滑动端滑动时,将会破坏抹面层。

(2)SY 201.3—2007中第6.3.2条规定地脚螺栓应垂直无倾斜;螺栓拧紧后,螺纹上端应外露2~5扣,受力均匀;螺母与垫圈及基础间的接触均应良好。该工程中螺栓在切割一部分后外露长度仍然明显超标,说明螺栓植入深度不够;同时螺母未拧紧,螺栓倾斜,未加垫片,滑动端地脚螺栓使用单螺母,未抹油脂保护,这些直接影响设备投产后的安全性和稳定性。

(3)在发现这些实体质量问题后,检查人员对责任主体相关人员的行为质量进行了检查,发现施工单位没有进行工序的交接工作,"三检制"没有得到有效的落实。

4. 问题处理

(1)在不破坏螺纹的情况下将螺栓超长部分切除。

（2）施工单位加强质量管理，及时进行工序交接工作，落实质量管理体系的各项要求，保证各工序间有序的进行。

【案例15】塔器、立式设备梯子平台安装

1. 背景

某场站工程，安装有多台塔器、细长比大的立式设备，其塔器及立式设备与框架平台之间采用梯子连接。

2. 问题描述

检查时发现，塔器与框架平台之间、不同立式设备之间、设备与钢结构之间、梯子与平台连接未考虑温度影响，直接采用焊接连接（图3-33~图3-35）。

图3-33　两个不同塔器的操作平台采用焊接连接　　图3-34　塔类设备平台梯子与框架结构平台焊接

图3-35　塔器的操作平台梯凳与钢结构平台焊接连接

3. 问题分析

（1）金属材料有热胀冷缩的属性，立式设备受热后将沿轴线垂直伸长。在油田及石化装置中，各种塔器、立式设备的工作介质和工作温度各不相同，其工作温度愈高热膨胀伸长量愈大；而框架及钢结构平台则不受设备工作温度的影响。塔器、立式设备的梯子平台与框架、钢结构平台直接焊接，限制了塔器及立式设备的自由伸缩，必将给安全生产带来隐患。故在安装塔器及细长比较大的立式设备时，必须考虑温度影响，应严格按图施工。

（2）施工人员对施工对象及其特性不清晰，没有考虑温度影响。

（3）未按图施工，没有采取相应的保证设备自由伸缩的措施。

4. 问题处理

（1）对于塔器、立式设备的梯子平台与框架、钢结构平台垂直焊接的，将焊道割除或磨除，改焊接为滑动连接。

（2）对于梯子平台与框架、钢结构平台水平焊接的，焊道割开后，将塔器、立式设备的梯子平台降低100mm左右，与框架、钢结构平台采用滑动连接。

【案例16】设备垫铁安装

1. 背景

某井场地面集输工程的分离器垫铁安装。

2. 问题描述

（1）设备安装时采用单块斜垫铁支撑，斜垫铁未配对使用（图3-36）。

图3-36 设备安装时采用单块斜垫铁支撑

（2）垫铁直接焊接在设备上，且垫铁与设备的接触面积不符合要求（图3-37）。

图3-37 垫铁直接焊接在设备上，且接触面积不符合要求

（3）设备基础偏差较大，垫铁外露长度过大（图3-38）。

图3-38 设备基础偏差较大，垫铁外露长度过大

3. 问题分析

（1）施工单位对垫铁的使用方法和使用规范不清晰。反映出施工、技术人员依赖于经验施工，对相关标准、规范掌握不够。

（2）斜垫铁应成对使用，且不超过一对，每组垫铁不得超过5层，总高度不得超过70mm。垫铁与基础面接触应均匀，垫铁之间接触应紧密，受力均匀，不得偏斜，悬空。垫铁组应露出底座10~30mm。找平后各垫铁相互间应点焊焊牢。

（3）设备调平后，垫铁端面应露出设备外缘；平垫铁宜露出10~30mm；斜垫铁宜露出10~50mm。垫铁组伸入设备底座底面的长度应超过设备的地脚螺栓的中心。

（4）垫铁安装是卧式设备找平找正的一道重要工序，直接承受设备的荷载，保证设备安装水平度，必须加以重视。

4. 问题处理

（1）因工艺管线尚未安装，为确保设备安装质量，决定重新安装。

（2）将焊接在设备支座上的垫铁磨除后，重新按规范标准安装垫铁并找正，保证斜垫铁配对使用，滑动钢板与设备鞍座接触紧密，调整垫铁外露底座部分长度符合要求。

【案例17】天然气汇管补强圈安装

1. 背景

监督人员在对某天然气工程进行监督检查中发现，站内PN4.0MPa天然气汇管位于筒体环焊缝部位的天然气进气口接管与筒体的补强圈未进行满焊。

2. 问题描述

（1）天然气进气端接管与筒体的补强圈覆盖的焊缝未打磨平整后再进行补强圈焊接（图3-39）。

（2）天然气汇管开孔补强圈未进行压力试验检查焊接接头质量（图3-39）。

（3）补强圈采用拼接，且拼接焊缝未进行修磨（图3-39）。

（4）设备进场检验时，设备供应单位、安装单位和监理单位未认真对该设备进行外观检验（图3-39）。

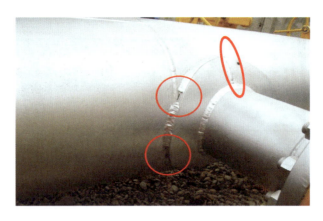

图 3 - 39　天然气汇管补强圈安装不规范

3. 问题分析

(1)《钢制压力容器》(GB 150—1998)第10.2.4.9条规定:容器上凡被补强圈、支座、垫板等覆盖的焊缝,均应打磨至与母材齐平。第10.9.3条规定:容器的开孔补强圈应在压力试验以前通入0.4~0.5MPa的压缩空气检查焊接接头质量。由于该设备补强圈在筒体环焊缝处未进行满焊,因此无法通入0.4~0.5MPa的压缩空气检查补强圈焊接接头质量。

(2)《补强圈》(JB/T 4736—2002)第5.4条规定:径向分块拼接的补强圈,只允许用于整体补强圈无法安装的场合,拼接焊妥后焊缝表面应修磨光滑并与补强圈母材表面齐平,并按JB/T 4730的要求进行超声检测,Ⅱ级为合格。

(3)各工序应按施工技术标准进行质量控制,每道工序完成后,应进行检查,并按有关规定形成记录,未经检查认可不得进行下道工序施工。设备制造厂家及质量检查人员未及时对补强圈焊缝质量进行检验。

(4)反映出该工程施工现场管理不到位,施工、监理单位没有认真履行进场设备检验制度。

第四章 动设备安装工程

本章针对油气田地面建设动设备安装工程中常见质量问题,列举了垫铁安装、基础灌浆、机泵设备安装、设备试运转、设备运行 5 个典型案例。

【案例1】动设备垫铁安装

1. 背景

某油田地面建设项目联合站,安装有压缩机、输油泵、注水泵、消防泵等各种机泵 20 多台,泵类设备采用垫铁找平,地脚螺栓固定,二次灌浆的方法安装;压缩机采用无垫铁安装。

2. 问题描述

检查发现垫铁安装存在以下问题:

(1)垫铁的安装位置距地脚螺栓距离不等,且在放置垫铁的下方基础没有铲平,部分垫铁与基础的接触面积不足 50%;垫铁组伸入设备底座的长度没有超过地脚螺栓的中心,垫铁端面应露出设备底面外缘的距离不等;部分垫铁组没有放在设备底座主要受力部位的下方(图 4-1)。

图 4-1 垫铁安装问题

(2)垫铁组没有尽量靠近地脚螺栓,相邻两垫铁组的距离较大,有的机泵纵向两地脚螺栓孔间距超过 1m,中间没有垫铁(图 4-2)。

图 4-2 垫铁组安装问题

（3）垫铁组的高度不等,个别机泵垫铁组的高度不足20mm,导致二次灌浆层太薄、灌浆困难;个别机泵垫铁组的高度超过了100mm,违背了设备垫铁组的总高度不宜超过70mm的规定（图4-3）。

(a)   (b)

图4-3 垫铁组高度不符合规范

（4）垫铁组的块数超过5块,有的将最薄的平垫铁放在了最下层,还有的斜垫铁没有成对使用或没有相向使用;垫铁与垫铁之间的接触面积不符合要求（图4-4）。

 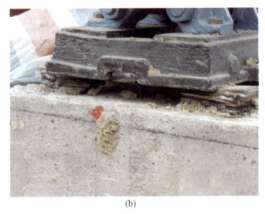

(a)   (b)

图4-4 垫铁组数量超标,安装不规范

（5）调平顶丝未松开（图4-5）。

图4-5 调平顶丝未松开

（6）设备垫铁未进行隐蔽,工艺配管已完成(图4-6)。

图4-6　设备垫铁未进行隐蔽,工艺配管已完成

（7）平视检查垫铁组的各层之间及垫铁与机器底座面之间的接触情况,可见光亮,用0.05mm的塞尺检查其间的间隙,在垫铁同一断面处从两侧塞入的长度总和,超过了垫铁长（宽）度的1/3;用手锤敲击检查垫铁组的松紧程度,部分垫铁有松动现象。

（8）设备找平找正后的垫铁之间的点固焊不符合要求,有的没有及时进行固定焊,有的固定焊数量不够,甚至将设备底座与垫铁焊在了一起。

3. 问题分析

（1）垫铁的作用:

① 调整设备安装位置:调平及找正,确保标高;

② 承受负荷:承受设备重量、地脚螺栓拧紧力及其他附加力;

③ 将机器设备的震动载荷传递给基础。

（2）《机械设备安装工程施工及验收通用规范》(GB 50231—2009)第4.2.2条规定:

① 每个地脚螺栓旁至少有一组垫铁;垫铁组在能放稳和不影响灌浆的的条件下,应放在靠近地脚螺栓和底座主要受力部位下方;设备底座有接缝处的两侧,应各安放一组垫铁。

② 两相邻垫铁组的距离,宜为500～1000mm。

（3）《机械设备安装工程施工及验收通用规范》(GB 50231—2009)第4.2.3条规定:

① 每一垫铁组的块数不宜超过5块,垫铁的厚度不宜小于2mm。

② 放置平垫铁时,厚的宜放在下面,薄的宜放在中间。

③ 除铸铁垫铁外,各垫铁相互间应用定位焊焊牢。

（4）《石油天然气建设工程施工质量验收规范　设备安装工程　第一部分　机泵类设备》SY 4201.1—2007 规定:泵类设备垫铁组的总高度不宜超过70mm,风机、压缩机及燃气轮机垫铁组的总高度为30～70mm。

（5）机械设备调平后,垫铁端面应露出设备底面外缘;平垫铁宜露出10～30mm;斜垫铁宜露出10～50mm;垫铁组伸入设备底座底面的长度应超过设备地脚螺栓的中心。

（6）灌浆层在达到设计强度的75%以上时,应取出临时支撑件或送掉调整螺钉,并复测机械设备的安装水平。

（7）动设备安装有其固有的安装程序，上一道工序未完成，不得进行下道工序的施工；泵未进行二次灌浆就进行配管，容易造成泵体水平度的改变，影响泵的正常运行。

4. 问题处理

（1）重新按规范要求对设备垫铁进行调整。

（2）将在垫铁隐蔽前就进行安装的工艺配管全部拆除，重新复测泵水平度，先进行垫铁隐蔽，再进行工艺配管工作。

【案例2】动设备基础灌浆

1. 背景

某天然气处理厂，安装大型进口压缩机三台，工作压力 10MPa。采用无垫铁安装，灌浆层高度 40~50mm，灌浆料采用快速凝固专用无收缩灌浆料（合同约定由灌浆料生产厂家现场指导灌浆）。

2. 问题描述

用手锤敲击压缩机底座听音检查时发现，有 65% 以上的敲击点为空鼓声音，顶丝全部受力。

3. 问题分析

（1）灌浆料为新产品，生产厂家同意施工但尚未到达施工现场，施工、监理人员对产品的性能不了解，对施工要点不掌握。

（2）灌浆料在设备底座内填充塞捣不实。

（3）灌浆料 A、B 组分搅拌及静置时间不够，灌浆料中的空气没有析出，灌浆后气体析出坍落。

（4）灌浆层在达到设计强度的 75% 以上后未及时均匀松掉顶丝，使顶丝受力。

4. 问题启示

（1）对于新材料，施工单位在施工前必须了解其性能特点、施工要点和注意事项，应严格按照产品说明书及规范标准施工。

（2）对于初次使用的新材料，应先做实验，取得经验后再施工。

（3）对于合同协议约定由供货方指导施工的工程项目，供货方应提供施工方案同时到现场指导施工，履行相应责任和义务。施工单位在供货方未到达现场指导且无施工方案时，不得擅自施工。

【案例3】压缩机运行

1. 背景

某单位在国内三地同时建设天然气加气站，压缩机为统一采购加拿大 IMW 工业有限公司生产的撬装无油气体压缩机，每个加气站安装同型号的压缩撬两个，每个压缩撬两台压缩机，一开一备，自动切换；压缩机进气压力 0.4MPa，排气压力 25MPa；压缩机的基础施工图由压缩机供货商提供，设计基础为 C25 混凝土，基础厚度 500mm，预埋地脚螺栓与压缩撬紧固连接。设备的安装，调试均由供货商负责。

2. 问题描述

甲、乙两个加气站投产半个月后发现压缩机排量达不到要求,同时抖动;拆除过滤器清理堵塞后故障排除;投产 1~6 个月后因震动使压缩机出口缓冲气罐卡箍多次断裂,进而使缓冲气罐与法兰焊接短脖出现裂纹,造成停产维修;而同时投产的另一个加气站的四台压缩机一直正常运行,从未发生任何故障。

3. 问题分析

(1)大型压缩机,基础厚度 500mm 稳定性不够。

(2)地脚螺栓与压缩机撬垫铁安装不符合要求,螺栓预紧力不够,设备与基础没有形成一个整体;设备震动使地脚螺栓紧固螺母松动进而使震动加剧,最终使缓冲气罐卡箍螺栓疲劳断裂,缓冲气罐与法兰焊接短节出现裂纹。

(3)检查维护不够,未及时紧固松动的地脚螺栓螺母。

(4)另一个加气站的四台压缩机一直能正常运行,是因为中方工程管理人员根据设备及现场实际情况,将设备基础厚度由 500mm 增加到了 1200mm,同时在压缩机撬就位,供货方现场服务人员预紧地脚螺栓螺帽后,中方工程技术人员对垫铁安装及地脚螺栓螺母的紧固情况用手锤逐个进行了敲击检查,对不符合要求的垫铁和预紧力不够的螺栓重新进行了处理和紧固,对垫铁组进行了固定焊,使设备运转所产生的震动被基础吸收,同时定期对设备的紧固件进行了检查维护。

4. 问题启示

对于进口压缩机等大型机动设备,虽然合同约定由供货方安装调试,但外方一般仅有一两个现场服务人员,且有的服务人员水平和敬业精神并不一定都很好。为了使设备能长周期安全平稳运行,业主(用户)或有关单位应对安装调试过程进行检查和控制,确保安装调试质量符合要求,避免类似上述问题的发生。

【案例4】压缩机试运转

1. 背景

某工程新安装一台压缩机,型号:MCL524 - 8,流量 400m³/min,吸入口压力 0.087MPa,排出口压力 0.4MPa;轴功率 2250kW;转速 11023r/min。机组安装后进行了同心度对中,找正数值符合厂家安装说明书及规范要求,之后工艺安装单位进行了工艺配管安装。投用前按规定进行了电动机试运转,符合要求。

2. 问题描述

压缩机组试运转启动电机后,机组发生强烈振动,控制仪表显示振动值高报警,随即自保护停机。

3. 问题分析

压缩机、增速机安装在同一钢制底座上。该机组设置在厂房二层,一层为润滑油站和进出口管线系统。机组安装后虽然进行了同心度找正,但是在安装压缩机出入口管线时,由于管线较长,管线在一楼的弹性支撑未处理好,导致出入口管线与压缩机连接时,压缩机本体承受了较大的外力而产生移位,影响了机组对中同心度。停机后复查机组对中情况,发现压缩机与增速机对中已变为:径向偏差 1.48mm,轴向偏差 0.87mm,远远超出厂家设计及规范要求。

4. 问题处理

（1）对压缩机组重新进行同心度对中找正，使其安装精度达到设计及规范要求。

（2）调整压缩机出入口工艺管线前在压缩机缸体前后左右四个方向上分别安放四块百分表，用来监控管线与机组连接时是否移位。

（3）调整压缩机出入口工艺管线及法兰，使工艺管线连接法兰与机组出入口法兰平行、同心且不受力，法兰连接后设备不受其他外力；调整并增加压缩机出入口工艺管线弹性支撑，使其能真正起到固定管道并吸收振动的作用。

（4）再次开机试运，振动消除，机组运行正常。

5. 问题启示

在动设备的安装中，垫铁及地脚螺栓的安装质量是确保设备长周期安全平稳运行的前提和基础，工艺配管安装质量特别是管托、支撑及减振措施安装的位置是否科学合理、牢固可靠，工艺配管法兰与设备出入口法兰是否同心、平行，亦是保证动设备平稳运行的必要条件。因此，在动设备的安装质监工作中，除应监控设备本体的安装质量外，还应监控工艺配管的安装质量，禁止强行组对，避免设备受力；同时还应注意检查管托、支撑及减振措施安装的合理性和安全性。

【案例 5】机泵就位安装

1. 背景

某站场内机泵就位安装。

2. 问题描述

（1）地脚螺栓紧贴孔壁，不符合规范要求（图 4 - 7）。

（2）泵底座采用槽钢制作，未采用垫铁（或无垫铁）安装，无法进行二次灌浆（图 4 - 7）。

（3）泵基础上表面细实混凝土找平层约 10mm 左右（图 4 - 7）。

图 4 - 7　机泵就位安装不规范

3. 问题分析

（1）地脚螺栓是连接机泵与基础的受力元件，其作用是要保证机器设备能够稳定地固在地基础上,为了保证螺栓灌浆的效果,其与孔壁的距离一定要满足要求;为了使机泵二次灌浆层能与基础有机结合为一体,二次灌浆层应≥30mm。地脚螺栓紧贴孔壁,与灌浆混凝土不能形成牢固的整体,直接影响到设备的长周期安全平稳运行。

(2)泵基础上表面用细实混凝土找平,找平层混凝土标号低于基础混凝土标号且找平层厚度层 10mm 左右,基础与找平层易形成两层。在震动力的作用下找平层易脱落。给设备运行安全带来隐患。

(3)泵底座直接放在基础上,没有二次灌浆空间,使泵底座与基础不能在地脚螺栓的作用下有机的固为一体。

4. 问题处理

(1)对地脚螺栓孔采用扩孔处理,保证地脚螺栓上任一点距孔壁距离大于 15mm。

(2)按有垫铁进行安装。将细实混凝土找平层清除干净,若基础不平时用工具把摆放垫铁位置基础铲平;垫铁摆放在地脚螺栓两侧并尽量靠近地脚螺栓,垫铁组的高度≥30mm。找正后按规定把垫铁组点焊固定。

(3)二次灌浆所采用的混凝土的标号比基础混凝土的标号高一个等级,并采用微膨胀混凝土。

第五章　防腐绝热工程

本章针对防腐绝热工程中常见质量问题,列举了管道防腐、储罐防腐、构件防腐、防腐管拉运、管道保温、设备绝热、管道补口、管道补伤等16个典型案例。

【案例1】管线防腐施工

1. 背景

某联合站内工艺管线防腐施工。

2. 问题描述

管线涂刷底漆前未进行除锈;不符合《涂装前钢材表面预处理规范》(SY/T 0407—97)第2.0.1条规定(图5–1)。

(a)　　　　　　　　　　　　　　　(b)

图5–1　管线涂刷底漆前未进行除锈

3. 问题分析

(1)防腐施工人员不按照标准规范施工,施工单位质量检查员检查不到位。

(2)现场监理人员巡检不到位,未能及时发现质量问题。

4. 问题处理

把已刷漆的管线全部重新打磨,重新防腐。

5. 问题启示

防腐前进行除锈是基本的施工常识,如果不除锈就进行防腐,防腐层易脱落,影响管线使用寿命。管线涂装前必须按照标准规范及设计文件要求,除锈达到规定的质量等级。施工单位技术负责人应该做好技术交底工作,施工人员严格执行标准规范施工。监理单位必须严格履行监理职责,及时发现施工中存在问题,避免造成不必要的返工。

【案例2】管线防腐施工

1. 背景

某转油站油水管线，按设计要求管线为环氧煤沥青特加强级防腐。

2. 问题描述

(1)管线未涂刷沥青底漆；不符合《埋地钢质管道环氧煤沥青防腐层技术标准》(SY/T 0447—96)第4.3条规定(图5-2)。

(2)玻璃丝布浸油不均，部分未浸透；不符合《埋地钢质管道环氧煤沥青防腐层技术标准》(SY/T 0447—96)第4.5条规定(图5-2)。

图5-2　管线未涂刷沥青底漆，玻璃丝布浸油不均

3. 问题分析

(1)施工人员在现场预制防腐管线不按照标准规范进行防腐作业。

(2)监理人员没有按照要求对现场预制的管线进行防腐层的检验。

4. 问题处理

返工重做。

5. 问题启示

管线防腐是为了延长管线的使用寿命，环氧煤沥青特加强级防腐层由底漆、面漆和玻璃丝布构成，并且要求与管线有很好的粘接力。在管线防腐施工时要求漆量饱满，或用浸满面漆的玻璃布进行缠绕。如果玻璃丝布未浸透，会形成防腐层漏点，受到地下水的侵蚀后，加速腐蚀速度，不利于管线长久运行。施工人员要强化质量意识，严格按照《埋地钢质管道环氧煤沥青防腐层技术标准》(SY/T 0447—96)规定及设计文件要求的质量等级进行防腐施工，并对各道工序进行质量检查，确保防腐管线质量。

【案例3】金属构件防腐

1. 背景

某公寓楼装修工程,房间隔断采用钢龙骨铺设,外加装饰板。设计要求钢龙骨刷防锈漆两道

2. 问题描述

现场检查发现已经隐蔽的钢龙骨除锈、防锈漆涂刷质量不合格,局部存在未除锈和未涂刷防锈漆的现象。不符合《涂装前钢材表面预处理规范》(SY/T 0407—97)第2.0.1条规定(图5-3)。

图5-3 钢龙骨除锈、防锈漆涂刷质量不合格

3. 问题分析

施工单位未按规定进行质量"三检",未向监理工程师进行隐蔽工程的报验,现场监理工程师在日常巡检的时候也未及时发现这一质量问题。

4. 问题处理

将钢龙骨未除锈和未涂刷防锈漆的部位返工处理,返工自检合格后按程序要求向监理工程师报验。

5. 问题启示

对于装修装饰工程,因装修人员质量意识较差,必须加强现场监督检查力度。

【案例4】管道防腐施工

1. 背景

某集输天然气管线施工,管径D273×7,20号钢,加强级聚丙烯冷缠带防腐。

2. 问题描述

(1)检查中发现管线组对过程中防腐层有多处损坏(图5-4)。

(2)进行破坏性检查时发现,有一段管线冷缠带内塑料膜未去除,并且管线防腐除锈不合格,经测量个别处防腐底漆涂刷厚度未达到设计要求,涂刷不均匀(图5-5)。

图 5-4　管线组对过程中防腐层有多处损坏　　图 5-5　管道破坏性检查中发现多处问题

3. 问题分析

（1）施工单位对进场的防腐管未认真检查验收，监理单位对进场的防腐管未进行认真的平行检验，没有发现存在质量问题的管线。

（2）现场管线装卸及组对过程中，不规范施工，造成外防腐层损伤。

4. 问题处理

（1）全线排查，查找未去除塑料膜的管线，对存在质量问题的防腐管线更换处理。

（2）防腐层的破损点进行补伤处理，进行电火花检漏合格后方可下沟。

5. 问题启示

塑料膜未完全清除，影响了冷缠带的粘接效果，降低了管线的防腐能力。在防腐管的预制过程中，防腐厂在管线生产过程中要严把质量关，认真对防腐管线进行质量检查并按规范要求进行抽查；施工单位及监理单位应严把材料进场关，对防腐层进行抽查及时发现防腐管线存在的质量问题，避免不合格的管材组对焊接，造成不必要的损失。对于聚丙烯冷缠带防腐管线，在管线拉运、装卸、组对焊接过程中外防腐层易被碰伤，因此，施工中各环节必须严格执行标准规范。

【案例 5】防腐管预制

1. 背景

某单井集油管线，管线规格为 D60×6，材质为 20#钢，采用聚乙烯胶粘带特加强级防腐。

2. 问题描述

（1）现场对防腐层进行测厚，厚度仅为 0.4mm。《钢质管道聚乙烯胶粘带防腐层技术标准》（SY/T 0414—2007）中规定，防腐层厚度普通级 ≥0.7mm，特加强级 ≥1.4mm（图 5-6）。

图 5-6 防腐层厚度不足

（2）从管端看，防腐前未进行除锈。不符合《涂装前钢材表面预处理规范》（SY/T 0407—97）第 2.0.1 条规定，钢材表面预处理质量等级和评定应符合 GB 8923 的规定（图 5-7）。

（a）

（b）

图 5-7 防腐前未进行除锈

3．问题分析

（1）从胶带缠绕痕迹来看，防腐胶带进行了内带和外带两层缠绕，但测试厚度仅为 0.4mm，此为单层胶带的厚度，检查人员对管线的防腐层进行剥离验证。

（2）防腐层剥离后发现，内带和外带虽进行两层缠绕，但内外带之间未有效粘接，形成了空气夹层，导致所测量的厚度不能真实反映防腐层的实际厚度。

（3）钢管防腐前未进行除锈，底漆涂刷不均匀，造成防腐胶带与钢管之间粘接力达不到规范要求。

（4）检查防腐胶粘带的质量证明文件，没有经国家计量认证的检验机构对防腐胶粘带进行检验，使用单位也未对胶粘带进行复验，该胶粘带属于不合格产品。

4．问题处理

（1）该批管线全部返工重新除锈防腐。

（2）对防腐胶粘带按不合格品进行处置，由相关部门组织退货。

5. 问题启示

防腐管加工过程中,必须严格按照标准规范进行加工及检查。监理单位也要加强对进场防腐管的检验,对于进场的材料要认真核查质量证明文件及检验报告。施工单位应按照标准规范要求的比例对进场材料进行复验。

【案例 6】储罐罐板防腐施工

1. 背景

某双盘式浮顶储罐工程,浮顶底板和罐底板在安装前进行防腐预制。

2. 问题描述

(1)钢板涂漆时未采取保护措施,与地面浮土未进行有效的隔离(图 5 - 8)。

(a)   (b)

图 5 - 8 钢板涂漆时未采取保护措施

(2)钢板表面仍然存在出厂时的氧化层,除锈等级未达到 Sa2.5 级要求(图 5 - 9)。

(3)表面污物未清除就进行下一道防腐漆的涂刷(图 5 - 10)。

图 5 - 9 钢板表面仍然存在出厂时的氧化层   图 5 - 10 表面污物未清除
就进行下一道防腐漆的涂刷

3. 问题分析

(1)钢板涂刷前必须保证表面清洁,该工程中钢板直接放在浮土上面,由于露天施工,不可避免地受到风力等因素的影响,将会导致涂漆层沾染浮土等杂质,影响防腐质量。

（2）设计要求钢板除锈为 Sa2.5 级，但该工程中钢板表面仍存在出厂时的氧化层，将严重影响涂漆层的附着力。《涂装前钢材表面预处理规范》（SY/T 0407—97）中明确规定，Sa2.5 级除锈钢材表面应无可见的油脂、污垢、氧化皮、铁锈和油漆涂层等附着物。该工程中钢板表面存在成片的氧化层。

4. 问题处理

（1）所有已涂漆钢板全部返工，重新按规范进行除锈。

（2）加强现场管理，采取有效保护措施，防止涂漆层受到浮土、灰尘等杂质污染。

5. 问题启示

储罐罐板涂漆防腐时，因占地面积较大，所以施工单位必须加强防护措施，罐板防腐预制时应与地面有效隔离，防腐完成的罐板要有防风沙措施，遇风沙天气停止施工。罐板除锈应按照设计文件的工艺要求进行除锈，除锈质量等级应符合设计文件要求。

【案例7】防腐管线

1. 背景

某天然气管线工程，钢管为 20#钢，管径分别为 D89×4、D114×4.5、D159×6，3PE 防腐管线。

2. 问题描述

（1）从管端看钢管本身锈蚀严重，已经腐蚀成密集的蚀坑（图 5-11）。

（2）经拉力试验，部分防腐管粘接强度达不到规范要求（图 5-11）。

（3）除锈没有达到设计文件要求的 Sa2.5 等级标准（图 5-11）。

（4）环氧粉末防腐层与管体粘接不牢（图 5-11）。

(a)　　　　　　　　　　　　　(b)

图 5-11　防腐管线防腐、除锈、粘接强度未达到要求

3. 问题分析

（1）表面预处理是确保防腐层涂敷质量的重要措施，是影响防腐质量的关键因素，表面处理达不到质量要求，不能保证防腐层的粘接力，将降低防腐层的整体质量。经调查该批管线已露天存放 3~4 年时间，表面锈蚀严重。因密集的蚀坑，防腐管加工过程中虽然进行了喷丸除锈工艺处理，但除锈质量等级仍未达到设计文件要求。

（2）防腐厂对来料加工的管材没有进行严格检查，缺乏责任心，对除锈等级未达到设计文件要求的管材进行防腐。

4. 问题处理

（1）对该批加工的 D89、D114、D159×6 的 3PE 管线禁止使用。

（2）选用合格的管材重新进行防腐。

5. 问题启示

要确保管道工程的施工质量首先要保证钢管的质量。根据工程需要，交付防腐厂的钢管应该经过检验符合有关标准规定，提供钢管质量证明文件。防腐管加工厂对进厂钢管必须逐根检查，对不合格的钢管不得进行防腐加工。并按要求对加工完成的防腐管线按比例进行抽检，对不合格的管线严禁出厂。

【案例8】防腐保温管装运、组对焊接

1. 背景

某长输管道施工，管径 D457×7，硬质聚氨酯泡沫塑料防腐保温管线。

2. 问题描述

（1）防腐管吊运带过窄，造成防腐保温层损坏；不符合《埋地钢质管道聚氨酯泡沫塑料防腐保温层技术标准》（SY/T 0415—96）第 6.0.1 条要求（图 5-12）。

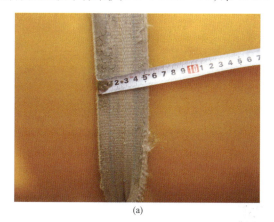

（a） （b）

图 5-12　防腐管吊运带过窄造成防腐保温损坏

（2）管线装运、组对过程中破坏保护层及保温层，并将损坏的管线组对焊接（图 5-13）。

（a） （b）

图 5-13　管线装运、组对过程中破坏保护层及保温层

3. 问题分析

(1)《埋地钢质管道聚氨酯泡沫塑料防腐保温层技术标准》(SY/T 0415—96)第6.0.1条规定:防腐保温管吊装应采用宽度为150～200mm的尼龙带或胶皮带,严禁使用窄带和钢丝绳组对吊装。防腐保温管中的防护层和保温层,机械强度较低,在吊装过程中易受到撞击和划伤防腐管保护层,因此宜采用软质宽体带组对吊装,以避免损伤保温层及保护层。该管线施工中,施工单位违反标准施工,吊装人员质量意识较差,不按操作规程装卸,造成保温层及保护层损坏。

(2)施工单位、监理单位在管线的装运、组对过程中未进行严格的检查与验收。

4. 问题处理

对存在较严重质量问题的管线进行更换。

5. 问题启示

(1)防腐保温管在装运、组对焊接过程中人为损坏防腐保温层时有发生,不按操作规程装卸是防腐保温层损坏的主要因素,为了确保防腐保温层不损坏,在管线装运过程中必须轻拿轻放,严禁摔打、拖拉。

(2)施工单位质量检查人员及监理人员对组对焊接的管线要逐根检查,需要修补的应做好标记,对损坏严重的管线严禁组对焊接。

【案例9】管道附件保温

1. 背景

某站内工艺管线保温。

2. 问题描述

(1)站内工艺管线保温阀门、法兰外露(图5-14)。

图5-14　站内工艺管线保温阀门、法兰外露

（2）管道附件处未做密封处理（图5-15）。

图5-15　管道附件处未做密封处理

3. 问题分析

（1）站内工艺管线附件在保温时，施工人员不按照规范进行施工，不符合《工业设备及管道绝热工程施工规范》（GB 50126—2008）第5.1.9、5.1.10条规定。

（2）施工单位未按照《工业设备及管道绝热工程施工规范》（GB 50126—2008）第7.1.16条（露天、潮湿环境中的保温设备、管道和室内外的保冷设备、管道及其附件的金属保护层必须按照规定嵌填密封剂或在接缝处包缠密封带）的规定施工。

4. 问题处理

进行密封处理。

5. 问题启示

需要进行保温或保冷的管道，其附件包括阀门、法兰、开孔接管、支吊架等处，都是容易造成热量流失的部位，根据《工业设备及管道绝热工程施工规范》（GB 50126—2008），这些部位都要进行保温、保冷并应进行密封处理。金属保护层应具有整体防雨水的功能，对水易渗进绝热层的部位按照《工业设备及管道绝热工程设计规范》（GB 50264—97）第5.4.4.4条之规定，应用玛碲脂或胶泥进行密封。如果不做密封处理，不仅造成热量流失，还会使雨水渗漏，保温层潮湿，加速管线腐蚀速度，留下质量隐患。

【案例10】管道保温

1. 背景

某油区计量接转注汽站地面建设工程，管线防腐保温工程。

2. 问题描述

（1）绝热层施工时，同层应错缝，上下层应压缝。避免形成通缝，以提高绝热效果（图5-16）。

(a)   (b)

图 5 - 16　绝热层施工同层未错缝,上下层未压缝

（2）管线底部普遍存在不抹浆料现象。不符合《工业设备及管道绝热工程施工规范》（GB 50126—2008）第 5.1.8 条规定（5 - 17）。

图 5 - 17　管线底部普遍存在不抹浆料现象

3. 问题分析

（1）施工单位技术人员没有进行技术交底,施工人员没有按照规范进行施工。

（2）施工单位质量检查员没有进行工序检查。

（3）监理人员巡检不到位,没有及时发现问题。

4. 问题处理

（1）针对上述保温存在的质量问题,向施工单位下发《质量问题处理通知书》。

（2）调整相邻两块珍珠岩保温瓦,使其接缝错开。

5. 问题启示

按照《工业设备及管道绝热工程施工规范》（GB 50126—2008）第 4.2.1 条规定,应编制绝热工程的施工组织设计或施工方案,在施工前要对施工人员技术交底和培训,经考核合格后才能上岗施工。施工过程中按照施工规范要求在绝热层施工时同层应错缝、上下层应压缝、绝热层各层表面应做严缝处理,并做好隐蔽工程的检查验收工作。

【案例 11】设备保冷

1. 背景

某低温分离器,采用岩棉绝热材料,绝热层厚度 80mm。

2. 问题描述

(1)岩棉板拼缝宽度过大,且形成通缝(图 5-18)。

图 5-18　岩棉板拼缝宽度过大,且形成通缝

(2)未设置防潮层。

3. 问题分析

(1)《工业设备及管道绝热工程施工规范》(GB 50126—2008)规定,保冷层半硬质绝热制品的拼缝宽度不应大于 2mm,同层绝热层应错缝,避免形成通缝,以提高绝热效果。

(2)《工业设备及管道绝热工程施工规范》(GB 50126—2008)第 6.1.1 条规定,设备或管道的保冷层和敷设在地沟内管道的保温层,其外表面均应设置防潮层。

4. 问题处理

(1)施工单位对保冷层进行整改,严格控制拼缝间距,保冷层敷设时同层错缝,避免形成通缝。

(2)要求设计单位按照 GB 50126—2008 的要求出具设计变更,增加防潮层。

5. 问题启示

本工程中设备为低温容器,保冷层外面应设置防潮层,防止空气中的水分渗入保冷层后结霜甚至结冰,破坏保冷层结构。被破坏的保冷层结构将导致更多的湿空气进入,降低保冷效果。

【案例 12】集输管线补口

1. 背景

某天然气站外集输管线补口施工。

2. 问题描述

监督人员在工程质量抽查过程中发现该管线补口存在质量缺陷(图5-19)。

(a)　　　　　　　　　　　　　　(b)

图5-19　集输管线补口存在质量缺陷

(1)焊口未涂刷底漆;不符合《埋地钢质管道聚乙烯防腐层技术标准》(SY/T 0413—2002)中第7.1.3条的规定。

(2)热收缩带粘接不牢,周边未均匀溢胶;不符合SY/T 0413—2002中第7.3.2条的规定。

(3)经现场进行剥离强度试验检查,未达到标准SY/T 0413—2002中第7.3.2条的规定要求。

3. 问题分析

管线补口施工人员质量意识差,没有按照标准规范要求进行施工。

4. 问题处理

补口全部返工处理。

5. 问题启示

补口质量是聚乙烯防腐管道施工质量的关键,如果补口质量达不到要求,将影响整个管线的安全运行,尤其是天然气管线,更是存在安全隐患。补口及补伤施工人员应经过专业培训,并经考核合格后才能上岗操作。补口完成后,施工单位应逐个对补口的外观进行质量检查,并按要求进行厚度、漏点及粘接力的检查。

【案例13】管线热收缩带补口

1. 背景

某管道工程,管径为D219×53PE防腐管线,辐射交联聚乙烯热收缩带补口。

2. 问题描述

现场做补口带的剥离强度试验,发现防腐层与钢管粘接不牢,加倍抽检后,仍有不合格现象存在,不符合《埋地钢质管道聚乙烯防腐层技术标准》(SY/T 0413—2002)第7.3.2条的规定(图5-20)。

(a)　　　　　　　　　　　　　　　　(b)

图 5 - 20　管线热收缩带补口不符合规定

3. 问题分析

施工单位补口施工时,未按设计文件要求进行喷砂除锈,现场只对焊口处做了简单的人工除锈,就进行下一道工序防腐补口施工。

4. 问题处理

根据《埋地钢质管道聚乙烯防腐层技术标准》(SY/T 0413—2002)规定,防腐补口全部返工。

5. 问题启示

补口的表面预处理质量是热收缩套(带)与钢管粘接好坏的关键。根据《埋地钢质管道聚乙烯防腐层技术标准》(SY/T 0413—2002)和设计文件要求,以及所选定的补口材料的技术要求,补口前必须对补口部位进行表面除锈处理,质量等级应达到设计文件要求的 Sa2.5 级。

【案例14】硬质聚氨脂泡沫塑料防腐保温管补口

1. 背景

某单井管线施工,管径 D76 ×4 硬质聚氨脂泡沫塑料防腐保温管补口施工。

2. 问题描述

(1)在补口套上直接开孔发泡,造成了防护层的损坏,不符合《埋地钢质管道硬质聚氨酯泡沫塑料防腐保温层技术标准》(SY/T 0415—1996)第 7.1.5.1 条的规定(图 5 -21)。

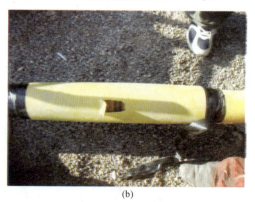

(a)　　　　　　　　　　　　　　　　(b)

图 5 -21　在补口套上直接开孔发泡,造成了防护层的损坏

（2）两端封口处热收缩带搭接小于100mm，且胶未完全溢出，造成端口粘接不严。不符合《埋地钢质管道聚乙烯防腐层技术标准》SY/T 0413—2002 中第7.3.2 条的规定（图5-22）。

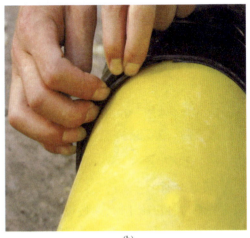

（a）　　　　　　　　　　　　　　（b）

图5-22　两端封口处热收缩带不符合规定

（3）补口处未除锈，就进行防腐。不符合《埋地钢质管道硬质聚氨酯泡沫塑料防腐保温层技术标准》（SY/T 0415—1996）第7.1.2、7.1.3 条的规定。

3. 问题分析

（1）因是单井管线施工，工期短，防腐补口队伍不是专业防腐队伍，没有按照规范要求进行补口，现场保温未使用配套专用模具进行发泡。

（2）施工人员质量意识差，现场无质量检查员，对存在的质量问题不能及时发现。

4. 问题处理

现场停止补口施工，对所有补口进行返工处理，按照《埋地钢质管道硬质聚氨酯泡沫塑料防腐保温层技术标准》（SY/T 0415—1996）重新进行补口。

5. 问题启示

（1）补口及补伤质量的好坏是影响防腐保温管线工程质量的关键，补口工作应由经过培训合格的防腐施工人员进行操作，严格按照标准规范施工。

（2）施工完成后应对补口进行逐个质量检查，对补口施工中出现的质量问题，要落实到责任人员，避免类似质量问题重复出现，以提高施工人员和质量检查员的责任心。

【案例15】长输管道防腐层补口及补伤

1. 背景

某天然气长输管道工程，管道补口补伤已完成。

2. 问题描述

监督人员抽查发现有两处补口质量不合格，热缩套粘结不牢、开裂、搭接不均匀、表面不平整等质量问题。不符合《埋地钢质管道聚乙烯防腐层技术标准》（SY/T 0413—2002）7.3.2 条规定（图5-23）。

(a) (b)

图 5-23 长输管道防腐层补口补伤不规范

（1）补口补伤表面未清洁干净、除锈不彻底。

（2）未严格按照热缩套产品说明书的要求控制预热温度，热收缩套周边无胶粘剂溢出。

（3）热收缩套与聚乙烯层搭接宽度小于100mm。

3. 问题分析

（1）监理人员监管及平行检验不到位。

（2）施工单位对管道防腐层质量重视不够，未按照规范标准及产品说明书要求进行施工。

（3）辐射交联聚乙烯热收缩套没有按要求选用配套的规格，造成热收缩套与聚乙烯层搭接宽度不够。

4. 问题处理

（1）返工重新进行补口，并向施工单位下达质量问题整改通知书。

（2）对本工程线路管道补口补伤质量加倍检查和热收缩套剥离强度加倍抽测，抽测中仍存在补口不合格的质量问题，该防腐机组所完成的管线补口全部返工。

5. 问题启示

施工单位要对防腐人员进行专业培训后方可上岗操作，并按照标准规范要求进行补口施工。必须加强对补口材料进场检验及复验，禁止不合格的产品使用到工程中。补口完成后应逐一对补口进行检查，对不合格的补口应及时进行修补。监理单位认真履行监理职责，加强对补口补伤的旁站监理。

【案例16】集输管线补伤

1. 背景

某集输管线工程，管径 D159×6，硬质聚氨酯泡沫塑料保温管线。

2. 问题描述

（1）该管线施工中未设置警示标志，造成保温层和保护层被刮伤（图5-24）。

图 5 - 24　管线施工中未设置警示标志造成保温层和保护层被刮伤

（2）施工单位未按照《埋地钢质管道硬质聚氨酯泡沫塑料防腐保温层技术标准》（SY/T 0415—1996）中 7.1.7 条要求进行补伤，直接用粘胶带进行补伤。

3. 问题分析

（1）因管线在路边进行组对焊接，未设置防护区域造成管线刮伤严重。

（2）未使用设计文件及标准规范规定的材料进行补伤。

4. 问题处理

对被刮伤的管线按照《埋地钢质管道硬质聚氨酯泡沫塑料防腐保温层技术标准》（SY/T 0415—1996）中 7.1.7、7.1.8、7.1.9 要求进行补伤处理，修补完成后全线进行检查，确保防腐质量。

5. 问题启示

施工单位要强化质量意识，牢固树立质量第一的思想。补口补伤材料应采用标准规范及设计文件规定的材料，不得用其他材料替代。在管线施工中，施工单位要加强管线的保护工作，管线施工应按照施工现场标准化要求设置隔离带等警示标志。

第六章 电气及自动化仪表工程

本章针对电气及自动化仪表工程中常见质量问题，列举了铁塔安装、架空电力线路接地、铁塔基础、避雷器接地、铜铝过渡措施、电缆敷设、爆炸和火灾环境导线连接、爆炸和火灾环境电缆保护管及防爆设备的密封、保护及防静电接地连接方式等25个典型案例。

一、架空电力线路

【案例1】铁塔安装

1. 背景

某110kV电力线路工程，变电所出口原门型杆线路拆除，新建三基铁塔，设计铁塔9m以下采用防盗螺丝。在现场抽查过程中，发现在铁塔组立完成后地上有许多塑料垫圈，进一步观察后，确认其为防止防盗螺栓防盗扣滚珠脱落的配件。在对铁塔螺栓紧固值进行测量时，测10点其中有3点不符合要求。监督站针对螺栓紧固值及防盗问题，追溯到整个铁塔安装质量，包括铁塔组立时的基础强度、螺栓穿入方向、地脚螺栓安装质量等。

2. 问题描述

（1）铁塔螺栓紧固值不符合要求（图6-1、图6-2）。

图6-1 铁塔螺栓紧固值不符合要求（一）　　　图6-2 铁塔螺栓紧固值不符合要求（二）

（2）铁塔组立时，没有相应的混凝土试块强度报告，不能确定混凝土基础强度符合要求（图6-3）。

（3）个别铁塔防盗螺母装反，失去防盗效果（图6-4）。

3. 问题分析

（1）施工单位没有按照要求对螺栓进行紧固；施工单位在电力线架设完毕后，也没有对所有螺栓进行复紧。

（2）铁塔组立时，没有依据混凝土试块强度报告来确定混凝土强度是否满足组立条件，而是依据经验，或者根本就没有考虑到混凝土强度与铁塔组立的关系。

图6-3　没有相应的混凝土试块强度报告

图6-4　防盗螺母装反

(3)施工人员责任心不强,对部分安装环节不经确认随意施工;施工管理过程存在漏洞,对工程难点或采用新工艺易发生问题的环节未进行交底,致使施工人员认为其防盗螺栓附件(塑料垫圈)不重要,随意丢弃,造成防盗螺栓达不到防盗效果。

(4)监理单位没有履行好相应的旁站、平行检验职责,在工序质量控制上严重失职。

4. 问题处理

(1)对螺栓紧固值不符合要求的问题,责令施工单位将所有铁塔的螺栓紧固一遍,并将测量紧固数据报送监督站审查。

(2)对铁塔组立时没有相应混凝土强度报告作为技术支持的问题,由施工单位委托具有资质的检测单位进行检测,将检测结果送监督站审核。

(3)对于所采用的防盗螺栓达不到防盗效果的问题,施工单位将其全部更换,并由监理单位负责监督落实。

(4)对相应责任单位进行通报批评。

【案例2】架空电力线路接地装置安装

1. 背景

某山区35kV架空电力线路,监督人员测量接地电阻时,发现接地电阻数值过大,达到68Ω(图6-5)。

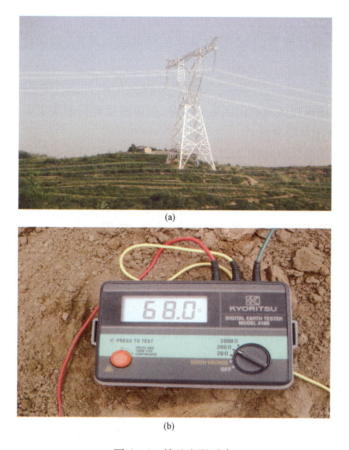

(a)

(b)

图 6 - 5　接地电阻过大

2. 问题描述

根据接地电阻测试数据过大的问题,追溯已隐蔽接地体的接地质量,挖开后发现接地系统根本就没有按设计要求做垂直接地极且接地扁钢敷设长度小于设计要求(图 6 - 6)。

(a)

(b)

图 6 - 6　接地系统不符合设计要求

3. 问题处理

对线路所有接地进行测量,对不符合要求的接地进行开挖,按设计要求重新敷设接地装置。

4. 问题启示

(1)对于雷电活动强烈区域和山区电力线路,其防雷接地是非常重要的,接地施工质量直接影响到线路运行稳定及安全性。

(2)在施工困难的地区或地段,施工单位的自查和监理的检查往往不到位。

(3)部分小型施工队伍,质量意识不高、质量管理混乱,有时缺少起码的职业道德,连最重要的接地极部分也敢偷工减料。

【案例3】某油田35kV架空电力线路工程

1. 背景

某油田35kV架空电力线路工程,地处戈壁,线路长,地理位置偏远。

2. 问题描述

(1)全线有十二基电杆的斜拉杆方向装反(图6-7)。

图6-7 斜拉杆方向装反

(2)电杆底部防腐质量不符合设计要求(只是在防腐布表面刷了一层防腐漆,图6-8)。

图6-8 电杆底部防腐质量不符合设计要求

（3）钢圈连接的混凝土电杆焊接质量存在严重缺陷(焊肉不足且有咬边现象)，焊工无焊工证(图6-9)。

图6-9　钢圈连接的混凝土电杆焊接质量存在严重缺陷

（4）电杆接地安装观感质量差，且埋地深度不够(图6-10)。

图6-10　电杆接地安装不规范

3. 问题分析

（1）斜拉杆的安装位置直接影响到电杆的承力结构，在全线路紧线后，会使双杆受力不均出现倾斜、局部受力过大的现象。

（2）戈壁土碱性大，设计对电杆埋地部分的防腐要求是刷三遍环氧树脂，缠两层防腐布，而现场情况只是缠两层防腐布，在其表面刷一层防腐漆，达不到防腐效果。

（3）戈壁风大，钢圈连接的混凝土电杆焊接质量不好，容易发生电杆折断事故。

（4）戈壁滩导电系数小，接地体埋设深度不够，会导致接地电阻不能满足设计要求。

4. 问题处理

（1）要求施工单位停止施工，对防腐不合格的电杆全部返工，对接地埋设深度不够的部位要求落实整改。

（2）更换有焊接资格的焊工，对焊接成型差的电杆焊接部位进行修补。

（3）审查分包单位的资质，审查防腐原材料合格证明书，审查防腐操作技术措施。

【案例4】钢管杆的焊接

1. 背景

油田市区道路改造工程,原普通混凝土电杆更换为钢管杆。

2. 问题描述

监督人员在巡查过程中,发现现场到货的几根钢管杆焊接部位外观成型差,且有咬边现象,为进一步落实焊接的内在质量,便请来检测公司进行超声波检测,结果发现有两处存在未焊透的缺陷(图6-11)。

图6-11 钢管杆存在未焊透现象

3. 问题分析

(1)此钢管杆属于油田三产企业开发的新产品,该企业在没有相应技术储备的情况下仓促生产。

(2)该企业没有相应的技术力量,尤其是钢管杆焊接能力,焊接送石家庄某制造厂完成,且没有驻场监造和出厂检验。

(3)该企业和石家庄制造厂没有也不懂对焊口质量进行无损检测。

4. 问题处理

(1)停止施工。

(2)将全部电杆返回厂家,进行全面整改。

5. 问题启示

(1)对新产品,尤其是小型企业的新产品要加强监督检查。

(2)对某些观感质量问题进行追溯,往往能发现更为严重或深层次的问题。

【案例5】铁塔基础

1. 背景

某110kV电力线路工程,线路长度86km,沿线为草原、沙丘地貌,合计32级铁塔。抽查了05#、08#、16#三级铁塔基础,其中08#、16#正在浇筑过程中,05#已经完成浇筑12天(图6-12)。

(a)

(b)

(c)

图 6-12　铁塔基础浇筑问题

2. 问题描述

（1）08#铁塔在浇筑过程中未留置混凝土试块。

（2）05#铁塔基础没有对 12 天前浇筑的混凝土留置试块。

（3）16#铁塔基础,在混凝土浇筑过程中,使用了普通硅酸盐和复合硅酸盐两种不同品种的水泥。混凝土现场浇筑未按照配合比要求使用 2~4cm 石子,实际使用的是 1~2cm 石子。

3. 问题处理

（1）05#铁塔基础进行实体检测。

（2）16#铁塔基础推倒重来。

（3）08#铁塔基础责令马上留置试块。

4. 问题处理原因解释

（1）05#铁塔基础已经完成浇筑,本着损失最小化的原则,对实体进行检测,依据检测结果再进行处理。

（2）16#铁塔基础刚开始浇筑,问题是所用材料不符合要求,所以要做推倒重来的处理。

（3）08#铁塔基础也在浇筑过程中,立即留置试块可以挽救。

处理质量问题,要根据工程实际,本着保证质量,损失最小,切实可行的原则妥善处理问题。

二、电气装置安装

【案例1】漏电保护装置

1. 背景

某住宅小区多层建筑工程,单体住宅室内开关箱照明和插座分设,插座部分采用漏电保护开关(图6-13)。

图6-13 插座部分采用漏电保护开关

2. 问题描述

监督人员进行停监点检查过程中,对其中的某住户墙壁插座进行模拟漏电检测,发现部分插座漏电试验不动作。监督人员打开插座检查导线连接相序正确,顺线路查找至住户箱,对漏电开关进行手动漏电试验,反复试验后漏电开关烧毁并冒出白烟,后按照10%的比例增加抽查批次和数量,发现该小区50%的漏电开关均存在上述质量问题(图6-14)。

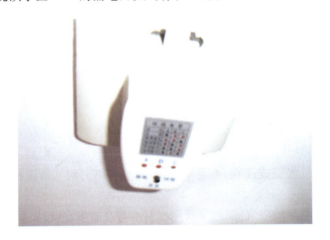

图6-14 漏电保护装置存在质量问题

3. 问题分析

住宅工程中用户箱内的漏电保护功能对住户的用电设备和人身安全是非常重要的。《建筑电气工程施工质量验收规范》（GB 50303—2002）第3.1.6条规定:动力和照明工程的漏电保护装置应做模拟动作试验,以保证其灵敏度和可靠性。

4. 问题处理

停止验收,要求建设单位立即组织所有监理、施工和供货单位对整个小区的新建住宅工程全数进行漏电开关的检查,更换此品牌的漏电开关。

5. 问题启示

（1）在工程竣工验收时不按照国家相应的竣工验收规范严格进行验收,往往侧重观感质量的检查,部分施工单位的自查和监理的检查只是走过场,验收不细致。

（2）几方责任主体常常停留在常规的验收手段,不能采用科学的检测仪器到位进行检测,忽略了安全和功能性检验。

（3）对涉及使用安全的电气施工部位,要加强监督检查力度,确保用户人身安全和用电安全。

【案例2】杆上避雷器接地

1. 背景

某新建转油站工程,在油泵房外有一座简式变电站,其高压进线终端杆上安装有一组避雷器。

2. 问题描述

监督人员巡检中发现,变电站的终端杆上避雷器接地引下线安装不规范,该避雷器接地引下线从避雷器引出后直接接到固定避雷器的角钢横担上,没有与杆上接地干线相连接(图6-15)。

图6-15　杆上避雷器接地不规范

3. 问题分析

避雷器做为保护电力系统防范雷击的屏障,本身在工作时会短时间内进入导通状态,在极短时间内通过接地体向大地释放大量雷电流,而上面的施工方法,没有把避雷器的接地引下线直接与接地干线连接,而是接在金属横担上再通过金属横担与接地干线连接,使避雷器接地连接不可靠(接地断点增加到两个),其属于间接连接,接地连接点的增多也就加大了放电通道的电阻,也就会阻碍了雷电流的快速释放,从而影响电力线及电气设备运行的稳定性,因此避雷器接地连接的可靠性尤为重要。规范规定:避雷器应用最短的接地线与主接地网连接,且应连接可靠。

4. 问题处理

责令整改,将避雷器引下线直接与主接地装置相连接。

【案例3】铜铝过渡措施

1. 背景

某污水处理站改造工程,6kV供电线路末端断路器及其附件更换后准备投入运行。

2. 问题描述

监督人员在对某污水处理站改造工程检查时,发现其6kV供电线路末端杆上真空断路器的进线端与避雷器连接时采用铝母排直接相连接,没有采取铜铝过渡等措施(图6-16)。

图6-16 未采取铜铝过渡等措施

3. 问题分析

铜、铝材料在连接时要采取铜—铝过渡措施。在实际检查中也经常发现铜、铝导线连接时未采用铜—铝过渡接头的问题。由于铜和铝都会形成各自不同的氧化层,如果铜导体与铝导体直接连接,接触面处的氧化层将加大接触电阻,久而久之,会导致接触不良及发热现象。

4. 问题处理

停止投入使用,责令整改,将两接线端采用铜铝过渡接头或线夹连接。

【案例4】电缆敷设

1. 背景

某新建联合站工程,监督人员对电缆隐蔽前进行监督检查时,发现多处电缆敷设方面存在质量问题。追溯发现,电缆敷设安装工程分包给某个体小型施工企业。

2. 问题描述

(1)电缆沟还没有整体完工且没有清理就进行了电缆敷设(图6-17);对已经敷设的电缆也没有进行有效的保护,致使部分电缆局部遭到损伤(图6-18)。

图6-17　电缆沟还没有整体完工就进行电缆敷设　　　图6-18　已敷设电缆未进行有效的保护

（2）穿墙电缆未采取保护措施（图6-19）。

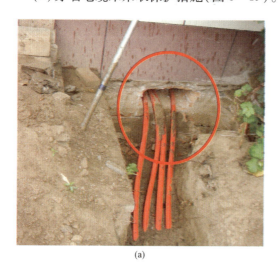

(a)

(b)

图6-19　穿墙电缆未采取保护措施

（3）电缆穿越不同界壁时（从地下穿出地面）未采取保护措施（图6-20）。

图6-20　电缆穿越不同界壁时未采取保护措施

（4）电力电缆与信号电缆在敷设时未分开敷设；红砖摆放凌乱，达不到保护电缆的目的且未填充软土或砂（图6-21）。

图6-21 电力电缆与信号电缆敷设时未分开敷设且保护措施未做好

3. 问题分析

（1）总包单位将电缆安装工程分包给个体小型企业后，忽视对分包单位的质量管理，存在以包代管的问题。

（2）施工现场交叉作业，不同承包单位各自为战，电气、土建、工艺同时施工，致使施工现场会乱，不同专业间衔接不好。

（3）分包单位质量管理混乱，不按标准规范施工。

（4）工程监理人员没有履行基本的质量控制职责。

4. 问题处理

（1）总包单位加强对分包工程的施工质量管理；工程监理加强对电缆安装工程的检查力度。

（2）对电缆沟进行清理，保证电缆敷设通道顺畅，将损坏电缆进行更换。

（3）动力电缆与信号电缆分开敷设，且直埋电缆的上下部铺以软土或沙层，并加盖保护板。

（4）对穿墙电缆按规范要求加护管保护。

5. 问题启示

（1）总包单位要履行对分包单位的质量管理职责，应禁止以包代管的行为。

（2）政府监督要以差别化监督的思路，加强对质量保证能力差的施工单位的监督检查力度。

（3）建设单位、工程监理要加强对分包单位的质量管理。

【案例5】电缆穿跨热力管线敷设

1. 背景

某联合站电缆更换工程，在敷设电缆时多处横穿热力管线。

2. 问题描述

敷设沟整体开挖深度为0.8m，符合设计要求，但在个别处穿跨热力管线时电缆与热力管线的交叉点距离只有0.2m,小于规范要求的最小净距,且也没有采取任何保护措施(图6－22)。

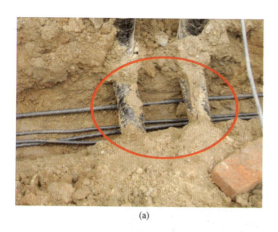
(a)

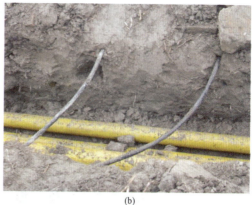
(b)

图6－22　穿跨热力管线时电缆与热力管线的交叉点距离小于规范值

3. 问题分析

规范要求电缆与热力管道、热力设备之间的净距,平行敷设时应不小于1m,交叉敷设时大于0.5m。电缆长期在热源附近而未加隔热措施,将加速电缆外绝缘层的老化,缩短电缆使用寿命。同时管道检修时也易损伤电缆,存在安全隐患。

4. 问题处理

将交叉点2m内的电缆沟深挖,使电缆与热力管线的距大于0.5m。

【案例6】镀锌保护管敷设

1. 背景

某变电所房屋建筑工程,室内电气配管采用镀锌钢管沿地面及墙面暗配。

2. 问题描述

(1)电气配管中采用气焊煨制直角弯,不仅镀锌管的镀锌层遭到损坏,而且使镀锌管弯瘪严重,不易穿线(图6－23)。

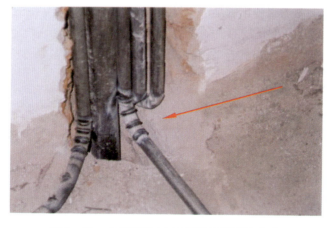

图6－23　电气配管中采用了气焊煨制直角弯

（2）镀锌钢管直接对焊，而且管径不一致，焊口也未进行防腐处理（图6-24）。

图6-24 镀锌钢管焊接不规范

3. 问题分析

（1）地面、墙面等处电气保护管暗配时，其管线的连接方式对下步穿线工作及将来导线的更换来说都是比较重要的，若不规范施工造成内径变小或出现内部阻碍，在管线隐蔽后将无法穿线，且不易整改，要整改时还要破坏较多的地面或墙面。规范规定电缆管弯制后，不应有裂缝和显著的凹瘪现象，以保障电缆管的有效管径，防止穿线困难及破坏线缆的绝缘层等。

（2）镀锌钢管配管施工时，管线煨弯易采用煨管器冷煨，这样可以保证锌层不被破坏，从而保障镀锌钢不易生锈，延长镀锌管的使用寿命。

（3）按照规范要求，在建筑电气施工中，金属导管严禁对口熔焊连接。对于同一管路应使用相同管径的管材。

4. 问题处理

（1）将使用气焊煨制的镀锌钢管全部更换。

（2）对于同一管路的保护管更换为符合设计要求的相应管材。

（3）对已对焊连接的管路进行返工，要求用套丝套接或套接焊接。

三、爆炸和火灾环境电气装置安装

【案例1】爆炸和火灾环境导线连接

1. 背景

某炼化装置区内照明安装工程（图6-25）。

图 6 - 25　某炼化装置区内照明安装工程

2. 问题描述

监督人员在抽查照明配线时,打开防爆接线盒,发现导线采用绕接方式连接(图 6 - 26)。

图 6 - 26　防爆接线盒内导线采用绕接方式连接

3. 问题分析

绕接这种导线连接方法易造成虚接,导致线路出现断路、短路、发热、打火等问题。这种连接方式在爆炸和火灾环境的电气工程中是严格禁止的,属于违反标准强制性条文的问题。

在爆炸和火灾环境,导线或电缆的连接方式,应采用有防松措施的螺栓固定,或压接、钎焊、熔焊,但不得绕接。一般情况下,电缆一般不应直接连接;在非正常情况下,必须在相应的防爆接线盒或分线盒内连接或分接。

4. 问题启示

(1)这种绕接现象在我们日常生活中很普遍,但在爆炸和火灾环境的电气工程中是禁止的。

(2)对于监督人员监督检查实体工程质量而言,最重要的是查处违反标准强制性条文的问题,保障装置的结构安全和运行安全。

5. 问题处理

责令施工单位全部检查照明接线的连接方式,监理人员进行平行检验,对存在问题的进行整改。

【案例2】爆炸和火灾环境电缆保护管及防爆设备的密封

1. 背景

某原油计量间电加热装置配电及控制系统安装工程。

2. 问题描述

(1)墙体上安装的防爆分线箱多余孔洞未有效封堵(缺少锁紧丝堵,图6-27)。

图6-27 墙体上安装的防爆分线箱多余孔洞未有效封堵

(2)防爆电加热装置的电缆保护管未做喇叭口,也未去除管口毛刺,且电缆端口未封堵(图6-28)。

图6-28 防爆电加热装置存在问题

（3）电缆进入防爆接线盒处未进行有效密封（图6-29）。

(a)　　　　　　　　　　　　　　　　(b)

图6-29　电缆进入防爆接线盒处未进行有效密封

3. 问题分析

（1）防爆电气设备、接线盒和端子箱等在穿线后应将多余的孔进行有效封堵。

（2）电缆进入防爆接线盒时，电缆外护套外径应与穿过的弹性密封圈相匹配，用弹性密封圈挤紧或用密封填料封固。

（3）电缆保护管管口应做成喇叭口或去除管口毛刺，以防止损伤电缆的保护层或绝缘层。

（4）在爆炸危险区域，电缆保护管的端口在穿完电缆后应将管口用非燃性纤维和密封胶泥进行封堵密封。

4. 问题启示

在爆炸和火灾环境下，电缆进出口的密封及防爆设备多余孔洞的密封是非常关见的，不按要求进行密封将达不到防爆设备应有的防爆密封目的，在非常条件下可能引起爆炸或火灾事故，因此防爆密封问题是爆炸和火灾环境电气装置安装工程质量控制的重中之重。

5. 问题处理

责令施工单位全部检查，对存在的问题进行整改，监理人员旁站整改过程，将整改情况报送至质量监督站。

【案例3】相邻防爆区域间的封堵

1. 背景

某大型化工装置工程，配电室电缆通过电缆沟进入化工车间（爆炸和火灾环境）。

2. 问题描述

配电间电缆密集敷设较凌乱，电缆在进入化工车间时，没有进行有效的封堵和密封隔离（图6-30）。

|(a)|(b)|

图6-30　配电间电缆密集敷设较凌乱,且未进行有效封堵和密封

3. 问题分析

配电室电缆通过电缆沟进入化工车间,化工车间为爆炸和火灾环境,此处应做隔离密封,而设计上没有明确隔离密封方式,施工单位也没有落实隔离密封,更没有制定隔离封堵的施工方案。

4. 问题启示

(1)关于爆炸和火灾危险环境不同区域的界壁概念,就是由一种介质到另一种介质的分界面。如电缆沟穿越不同防爆区域时、照明配管穿墙、直埋电缆出地面时等,都属于穿越不同界壁。

(2)当电缆密集穿越爆炸和火灾危险环境不同区域的界壁时,设计应给出隔离封堵措施,施工单位制定施工方案,保证密集电缆的有效隔离封堵。

(3)当设计没有给出隔离封堵方式时,施工单位应制定相应施工方案,并按已审批的方案进行施工。

5. 问题处理

(1)将部分已敷设的电缆全部抽出重新敷设,并加以固定,确保敷设整齐。
(2)施工单位制定电缆隔离密封措施,保证电缆电缆沟界壁处的有效封堵。

四、接地装置

【案例1】接地体焊接搭接面积

1. 背景
某工地接地沟内接地体敷设完毕,正准备进行隐蔽。

2. 问题描述
(1)接地沟内残留大量剥离的电缆保护层(工程垃圾,图6-31)。

图 6 – 31　接地沟内残留大量剥离的电缆保护层

(2)该处接地扁铁搭接面积不够(只有40mm)。

(3)扁铁搭接施焊处未进行防腐处理。

3. 问题分析

(1)施工单位在制作电缆头或进行电缆接线时,常常会将剥落的电缆保护层随意放置,或者在电缆沟和接地沟隐蔽过程中,将废弃的电缆保护层掩埋在电缆沟或接地沟中。

(2)规范要求,接地扁钢在搭接时,搭接长度应为扁钢宽度的 2 倍(且至少 3 个棱边焊接),施工单位为图方便省事或不懂规范要求,采取两条扁铁自然十字交叉的方式进行搭接,这样搭接长度仅为扁钢宽度的 1 倍,造成不符合要求。

(3)接地扁钢的连接一般采用焊接方式,焊接处容易腐蚀,所以规范要求对焊接处要进行防腐处理。

4. 问题处理

(1)要求施工单位将电缆沟内的杂物全部清理干净。

(2)在交叉处再用扁钢做一加强斜撑,以确保接地搭接面积满足规范要求。

(3)对焊接处进行防腐处理。

【案例2】保护及防静电接地的连接方式

1. 背景

某大型化工项目,有部分立式分离器和设备构架需做保护接地和防静电接地。

2. 问题描述

所有的保护接地和防静电接地均是采取在设备或构架底座上焊接一螺栓,再将接地线终端穿进螺栓坚固的连接方式。

(1)直接在设备本体上焊接螺栓,在螺栓根部形成一锥形体,锥形体顶部与接地线终端连接,其连接有效面积不够(为线接触,图 6 – 32)。

(2)焊接部位未做防腐处理(图 6 – 32)。

（3）连接处未涂电力复合脂（图6-32）。

(a)　　　　　　　　　　　　(b)

图6-32　保护接地和防静电接地不符合规范

3. 问题分析

此种连接方式，必然会导致出现接触面积不够、施焊处做防腐处理无意义、搭接处涂导电脂也无效等问题。

4. 问题处理

（1）改变接地连接方式，如在设备上焊接一连接板（带孔），接地终端再与此连接板用螺栓连接。

（2）连接板焊接后做防腐处理。

（3）连接时在连接面上涂以电力复合脂。

5. 问题启示

（1）学习标准规范要理解和掌握标准规范条文的含义。

（2）正确的施工工艺是满足规范要求的必要条件。

【案例3】避雷针安装

1. 背景

某35kV变电所改造工程，在其变电所内西北方向新建一18m高独立避雷针。

2. 问题描述

施工人员在开挖独立避雷针基础槽时在下面1.2m处遇到输油管线，施工单位按照建设单位工程管理人员的指定，对避雷针基础位置进行了移动，直到监督人员检查时没有设计变更文件。

3. 问题分析

此问题所体现的是建设、施工、设计等多家责任主体严重的违规质量行为问题。

（1）独立避雷针基础下面有输油管道，说明勘察单位没有进行认真勘察或设计单位没有依据勘察成果进行设计。

（2）建设单位施工管理人员无权指定避雷针基础位置。

（3）避雷针基础位置进行了移动属于重要设计变更，施工单位不应听从建设单位工程管理人员的指定，应依据设计变更进行避雷针基础位置的移动。

（4）设计单位应根据现场情况，及时出具设计变更文件，满足施工需要。

4. 问题处理

（1）测量移动后的避雷针位置，如能满足避雷覆盖半径的要求，设计单位补充设计变更文件。如不能满足避雷覆盖半径的要求，设计单位经计算后确定避雷针基础位置，出具设计变更文件，施工单位依据设计文件进行施工。

（2）对建设单位、施工单位和设计单位通报批评，并进不良记录。

5. 问题启示

（1）任何工程实体质量问题的背后，一定有质量行为问题；只有规范的质量行为，工程的实体质量才能得到保障。

（2）此问题充分体现建设单位工程管理人员瞎指挥、施工单位盲目服从、设计单位逃避设计质量责任的质量行为问题。

（3）防雷设施安装位置的移动及安装质量的优劣会直接影响设备及人身安全，建设各方的质量管理人员都应高度重视。

【案例4】接地电阻测试

1. 背景

某山区抽油机安装工程中的防雷及保护接地（图6-33）。

图6-33　某山区抽油机安装工程

2. 问题描述

审查监理单位申报的4口抽油机接地电阻测试记录，发现施工单位数据与监理单位数据差别过大，且部分数据接近设计规定的上限。监督人员随即对其接地电阻进行实测实量，三家数据对比如下：

接地电阻值数据对比

序号	测试单位	接地电阻测试值（Ω）			
		G7 – 15	G7 – 16	G7 – 17	HY4 – 5
1	XX 施工项目部	6.8	6.6	7.8	9.8
2	XX 工程监理有限公司	10	0.5	0.4	10
3	工程质量监督站	2.55	2.61	1.21	1.22

3．问题分析

造成资料中所记录数据偏差过大的原因：

（1）施工单位的接地电阻测试仪表损坏，导致测量数据严重失真。

（2）工程监理单位根本没有进行平行检验，也没有接地电阻测试仪表，而是造假数据。

4．问题处理

（1）责令施工单位和监理单位购置新仪表，并在标定合格后投入使用。

（2）责令施工和监理单位对所施工和监理的接地电阻全部重新测量，监督站进行抽查。

5．问题启示

（1）许多问题是可以通过资料审查发现的。

（2）对审查资料发现的问题，要进行追溯，经过追溯往往能发现在施工现场发现不了的问题。

【案例5】防静电装置不规范

1．背景

某加气站已建成投入使用，但部分装置为临时安装，线路也为临时敷设，特别是防静电接地部分敷设很不规范。

2．问题描述

（1）汽车加气区内报警器控制箱静电接地进出线无保护措施（图6－34）。

图6－34　汽车加气区内报警器控制箱静电接地进出线无保护措施

（2）重要接地线穿墙无保护措施（图6-35）。

图6-35　重要接地线穿墙无保护措施

（3）重要接地线直接敷设在地面，未采取保护措施（图6-36）。

(a)　　　　　　　　　　　　　　　(b)

图6-36　重要接地线敷设在地面，未采取保护措施

3. 问题分析

汽车加气区域属于易燃易爆场所，多处为防爆一区或二区，是质量安全控制的重要部位。其防静电接地是施工及监督检查的要点，如果施工不规范，线路在易受破坏的地方不加保护造成受损，不能快速有效消除设备及构架等由于各种因素所产生的静电，一旦区域内有易燃易爆气体泄漏，可能会引起燃烧甚至爆炸危险。

4. 问题启示

（1）由此类型问题所引发的事故具有常发性及严重性，事故的发生往往会造成人身损伤或财产损失。

（2）施工单位对易燃易爆场所的防静电接地重视和认识程度不足，对规范不能深刻理解，以至随意施工。

（3）监督人员未能把握哪些是影响结构安全和运行安全的部位或关键点，以致检查中不能发现关键问题，无法体现差别化监督的思路。

【案例6】防雷接地施工工序不正确

1. 背景

某百万方储罐工程中的烟囱防雷接地装置,地处高原地区,当时正是雷雨季节。

2. 问题描述

检查时,其工程中供热区45m高烟囱已建成,但防雷接地仍未做(图6-37)。

图6-37　供热区烟囱防雷接地未做

3. 问题分析

据了解是因为部分避雷装置及材料未到货,而又要赶工期,施工单位未做接地部分就开始对烟囱主体(包括爬梯)进行施工,违反了规范要求的施工工序,且施工过程中没有任何防雷安全措施,试想如果在施工中出现雷云,将可能产生放电造成事故,现45m高烟囱主体已建成,防雷接地仍未做。此问题严重违反了《电器装置安装工程接地装置施工及验收规范》(GB 50169—2006)第3.5.5条强制性条文规定:避雷针(网、带)及其接地装置,应采取自下而上的施工程序,首先安装集中接地装置,后安装引下线,左后安装接闪器。

4. 问题启示

(1)工期应按工程实际情况制定,应有一个合理的时间,不能因抢工期而降低施工质量标准,从而带来安全隐患。

(2)工程施工有严格的工序要求,以确保工程质量安全。施工应严格按照正确的工序进行,不按程序、工序施工,就有可能出现重大的质量安全问题。

(3)作为重要的部位及工序,监理单位应制定相应的监理旁站方案,在施工当中应做好监督检查,发现问题及时提出并要求整改,以免发生不必要的质量安全事故。

(4)施工单位质量管理不到位,对于重要部位的施工工序重视不够,未采取任何防范措施,给施工带来重大的安全隐患,质量安全管理人员存在失职行为。

五、自动化仪表

【案例1】温度取源部件安装

1. 背景

某转油放水站扩建工程位于某厂内,再次扩建是为保证处理液能力达到20000t/d。

2. 问题描述

对其项目竣工验收期间,监督人员对仪表安装实物质量检查时发现,一个工艺管线上的压力取源部件与温度取源部件距离只有25cm,并且安装在温度取源部件的下游侧(图6-38)。

图6-38　温度取源部件位置不合适

3. 问题分析

监督人员与监理单位分析产生这种现象的原因,主要是施工单位对《自动化仪表工程施工及验收规范》(GB 50093—2002)关于压力取源部件与温度取源部件在同一管段上时,应安装在温度取源部件的上游侧的规定不掌握或在焊接连接短节时没有认真看图分析;施工图纸中又没有明确温度仪表的具体安装位置,导致安装位置错误。

4. 问题启示

(1)自动化仪表安装质量,对保证监测和控制信号的取样和测量准确性起到关键性的作用。由于施工的错误,会使压力测量不准确,给以后的投产使用带来很大的安全隐患。

(2)自动化仪表安装时,施工单位应按照规范要求,保证仪表取源部件安装位置的准确性,不得错误安装。

(3)几方责任主体经常对工艺和仪表专业交叉施工的工程量划分不明确,对取源部件的安装重视不足,导致施工时违反标准施工的情况不能得到消除。

(4)自动化仪表安装,如不按规范规定组织施工往往会影响投产后计量的准确性,间接影响运行管理和生产,应该加强对其施工过程的监督检查力度,确保仪表测量的准确性。

【案例2】温度取源部件安装

1. 背景

某中转站新建工程,室外罐区三合一储罐出口管线上安装温度取源部件,共三个储罐出口上安装了3个温度变送器,阀组间汇管拐弯处安装一个温度变送器。

2. 问题描述

在竣工验收期间,监督人员对仪表安装实体质量检查发现,工艺管线上的温度取源部件安装不符合规范要求,与管道倾斜安装时顺着物料流向安装,在管道拐弯处垂直安装,违反了《自动化仪表工程施工及验收规范》(GB 50093—2002)第4.2.1条的规定(图6-39)。

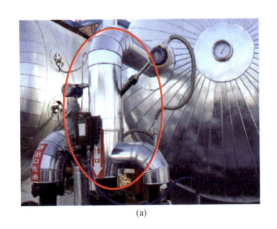

(a)   (b)

图6-39　温度取源部件安装不符合规范要求

3. 问题分析

监督人员与监理单位分析产生这种现象的原因,主要是施工单位对《自动化仪表工程施工及验收规范》(GB 50093—2002)关于温度取源部件安装的规范不掌握,按规范要求,温度取源部件与管线成倾斜角度安装时,宜逆着物流流向,取源部件轴线与工艺管道轴线相交;在管道的拐弯处安装时,宜逆着物流流向,取源部件轴线与工艺管道轴线相重合。但上述质量缺陷恰恰是顺着物流方向安装和垂直安装,这样将无法保证测温元件插入到管道内物料流速的中心区域,从而无法测量到物料的真实温度,失去了温度仪表的应有作用。

4. 问题启示

(1)自动化仪表安装质量,对保证监测和控制信号的取样和测量准确性起到关键性的作用。由于安装的不正确,往往会影响投产后压力测量的不准确,间接影响生产和运行管理,也会给以后的使用带来很大的安全隐患。

(2)自动化仪表安装时,施工单位应按照规范及图纸要求,保证仪表取源部件安装位置的准确性。

(3)几方责任主体经常对工艺和仪表专业交叉施工的工程量划分不明确,对取源部件的安装重视不足,应该加强对其施工过程的监督检查力度,确保仪表测量的准确性。

【案例3】锅炉给水电动阀阀位开度反馈在 PLC 系统上不显示

1. 背景

某天然气深冷装置工程,为了减能增效,新增一套余热锅炉,对烟气的热量进行回收,为装置提供蒸汽及厂区供暖。此套余热锅炉由厂家整体提供,并且负责所有的施工任务。

2. 问题描述

在余热锅炉投产后,锅炉上水电动阀的开关由 PLC 系统进行控制,操作工在 PLC 系统上操作时,阀门开、关到位信号均能在 PLC 系统上正确监测,只有阀位开度在 PLC 系统上不能正确显示(图 6-40、图 6-41)。

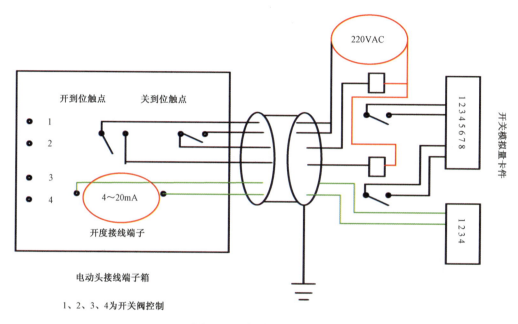

图 6-40 阀位开关示意图

图 6-41 阀位开关在 PLC 系统上不能正确显示

3. 问题分析

监督人员与监理单位分析产生这种现象的原因,分别从电动阀阀位信号、接线位置、线路屏蔽接地、信号传输或衰减、电缆型号等几个方面进行了检查,发现阀门的开到位及关到位信号与阀门开度信号共用一条电缆,且无分屏防护,用万用表电压档测量开度信号,发现开度信号线缆上存在一个70~110V的不规律干扰电压信号。

4. 问题启示

(1)自动化仪表安装,信号源线路的安装及选型对保证仪表信号的准确性、可靠性起着关键性的作用。《自动化仪表工程施工及验收规范》(GB 50093—2002)第6.5.5条规定,在同一汇线槽内的不同信号、不同电压等级的电缆,应分类布置。由于厂家配置的错误,将信号电缆混用,导致信号受到干扰,投产运行后发生无法显示的情况,影响仪表监控,增大操作工的劳动强。

(2)本控制原理设计存在错误,设计审图不到位。

(3)几方责任主体对仪表专业的特点不明确,对仪表控制线路的设计和敷设及验收重视不足,导致施工时违反标准施工,施工后不能满足使用操作要求。

(4)自动化仪表信号源线路安装,如不按照专业特点组织设计图纸会审同时做好工序交接验收,往往会影响投产后信号检测的可靠性,间接影响运行管理和监测控制,应该加强对其施工过程的监督检查力度,确保仪表原线路的准确性。

【案例4】仪表线路保护管安装

1. 背景

某中转站新建工程,在竣工验收中,发现室外罐区二合一储罐的物位仪表线路保护管施工质量存在隐患,未按规范要求施工。

2. 问题描述

如图6-42所示,仪表线路保护管未按规范要求固定。规范要求,保护管应排列整齐,固定牢固,用管卡和U型螺栓固定时,固定间距应均匀。

图6-42 仪表线路保护未按规范要求固定

3. 问题分析

固定保护管是为了更有效的保护仪表线路,防止受破坏。否则受外力作用,很容易使保护管弯曲或倾斜,损坏仪表线路,进而导致检测功能受到影响,埋下安全隐患。

4. 问题处理

采取焊接支撑或用加强管的方法加以固定。

【案例5】温度、压力取源部件在同一直管段上安装

1. 背景

某转油站新建工程,阀组间天然气管线同一直管段上安装有压力变送器和温度变送器取源部件。

2. 问题描述

温度取源部件和压力取源部件在同一直管段上安装,温度取源部件安装在压力取源部件上游(图6-43)。

图6-43　温度取源部件和压力取源部件安放位置不正确

3. 问题分析

违反了《自动化仪表工程施工及验收规范》(GB 50093—2002)第4.3.2条的规定。温度取源部件安装是突出于管道内壁的,如果温度取源部件安装在上游侧其突出物会影响介质流动的稳定性造成压力测试不准确。

4. 问题处理

重新制作连接管件,焊接其仪表取源部件连接管嘴,更换其温度和压力仪表安装位置。

第七章　道路及桥梁工程

本章针对道路及桥梁工程中的常见质量问题,列举了路面破损、纵向排水不畅、路面基层施工、涵洞混凝土腐蚀、装配式钢筋混凝土桥梁裂缝5个典型案例。

【案例1】路面破损

1. 背景

某三级道路,路面结构:15cm厚垫层、20cm厚水泥稳定土、3cm厚沥青混凝土面层。

2. 问题描述

面层完工2年后,沥青混凝土面层出现不同程度的坑槽、面层破损现象(图7-1)。

图7-1　面层完工2年后,出现不同程度的坑槽、面层破损现象

3. 问题分析

沥青混凝土面层出现不同程度的坑槽、面层破损现象,一方面是路面结构层压实度不够造成此现象;另一方面也有可能是面层厚度不足或面层施工不当造成的。

4. 问题处理

对沥青混凝土面层出现不同程度的坑槽、面层破损路面,一是挖除到硬层,然后采用水泥稳定砂砾搅拌后进行填补,人工打夯后,养护一定期限后再进行沥青混凝土面层修补。二是若路基造成的病害,需挖除淤泥或软土层,先进行砂砾土填补夯实,再采用水泥稳定砂砾搅拌后进行填补,最后再进行沥青混凝土面层修补。

【案例2】纵向排水不畅

1. 背景

某山岭重丘区三级公路,大多数路线均为陡坡急弯,设计行车速度30km/h,路基宽7.5m,

路面宽 6.0m + 2×0.5m。路面结构类型有两类:土方路基段:3cm 沥青表处面层 + 15cm 级配砾石基层 + 15cm 天然砂砾垫层。石方路基段:3cm 沥青表处面层 + 15cm 级配砾石基层。

2. 问题描述

道路交工后 2 年,部分靠山一侧路段路基被纵向流水冲坏(图 7-2)。

图 7-2　道路部分靠山一侧路段路基被纵向流水冲坏

3. 问题分析

(1)设计时对山区多雨、雪情况考虑不充分,未对全线纵向排水做全面设计。

(2)施工单位施工时对山区水流没有充分的认识,在进行纵向排水施工时未对设计不足提出变更建议。

4. 问题处理

全线靠山一侧全部增设浆砌石边沟。

5. 问题启示

在施工中对纵向流水要有充分认识,特别是在山区施工时更要注重纵向流水,尤其要注重靠山一侧的纵向排水,在高填方段必要时增加浆砌石或砼护坡。

【案例 3】路面基层施工

1. 背景

某工程拟新建公路,路面基层为级配天然砂砾石底层,厚度 20cm;路面面层为级配天然砂砾石拌和 7% 水泥稳定层,其中砂砾石比例为砂 20%、砾石 80%,面层厚度 10cm。

2. 问题描述

在通车一个月后对该工程进行竣工验收时发现,部分路段路基沉降,路面坑凹不平,道路边沟堵塞,路面积水严重(图 7-3)。

3. 问题分析

(1)施工单位未按施工图设计文件和规范进行施工,级配不合理或未按设计要求进行分层碾压,压实度未达到设计要求便进行路面砂砾石基层施工作业,导致后期路基出现沉降。

(2)道路边沟成型较差,部分甚至损毁堵塞,加上排水坡度不够导致公路排水不畅,路面积水,加重对路基和路面的危害影响。

图7-3 通车后一个月部分路段路基出现多种问题

（3）养护期不足、通车过早或车辆超载。

4. 问题处理

对出现问题路段返工处理。

【案例4】涵洞混凝土腐蚀

1. 背景

某山区三级道路，道路起点（水流上游）有一大型煤矿和一个小型火力发电厂，施工时，采用的是普通硅酸盐水泥，墙身砼标号为C20。

2. 问题描述

涵洞浇筑完工2年后，流水面墙身出现不同程度地被腐蚀现象（图7-4）。

图7-4 流水面墙身出现不同程度地被腐蚀现象

3. 问题分析

（1）涵洞墙身被腐蚀主要原因为上游火力发电厂排放的废水中含有酸性成分。
（2）施工图纸中也未就流水中存在的酸性成分而对砼采取相应的抗腐蚀措施。

4. 问题处理

对所有涵洞迎水面墙身的腐蚀层清洗干净后,用抗硫酸盐水泥重新浇筑一道 10cm 厚的面层,并用连接钢筋将原墙身和新浇筑的面层连接在一起。

【案例 5】装配式钢筋混凝土桥梁裂缝

1. 背景

某桥梁工程,结构形式为装配式钢筋混凝土简支 T 型梁桥,全长 74.4m,单跨 20m,总宽 7.5m,净宽 5.5m,T 梁高 1.5m,中隔墙间距 5m,未施加预应力;施工周期为 2008 年 8 月至 2009 年 4 月。建成后概貌如图 7-5 所示。

图 7-5　建成后的桥梁概貌

2. 问题描述

1-1#T 梁在竣工验收时发现出现裂缝,裂缝与 0#桥台距离为 810cm,由梁底开始,竖直向上,竖向贯通深度约 80cm,缝宽 0.1~0.2mm。由于出现裂缝的情况,验收机构未同意进行竣工验收,并要求对该桥进行结构安全评定(图 7-6、图 7-7)。

图 7-6　裂缝情况

图 7-7　T 型梁腹板钢筋

据施工记录及影像资料反映:预制场底模基础为标准页岩砖,起吊发现该梁底模有变型断裂现象,经施工单位自检,底模变形对梁体混凝土外观质量无影响。随后即进行了吊装施工,监理员对吊装作业过程进行了旁站,由旁站记录及施工记录反映,吊装作业符合规范规定。在完成桥面铺装及附属设施工作后,施工单位提交了竣工验收申请。由于现场管理不到位,在完成通过实验前有地方车辆通过该桥。

3. 问题分析

造成梁体出现裂缝的原因可能有多种情况:

(1)吊装时混凝土强度可能不满足设计吊装强度要求。施工单位提供了 1 份该梁的同条件养护混凝土试件的强度检测报告,龄期为 28d,检测结果合格,但吊装时混凝土实际龄期不到 28d,施工单位未对混凝土强度进行验证便进行了吊装,故吊装强度不一定满足设计对吊装时强度的要求,导致混凝土在吊装时已出现裂缝。

(2)底模变形可能导致梁体混凝土存在内应力。底模变形的原因是底模基础的承载力和强度低于上部梁体自重及混凝土收缩所产生的力,从而导致混凝土在初凝后存在内应力且无法得以释放;当施加的外部荷载与内应力相结合大于梁体的强度时,存在内应力的部位便会出现变形、开裂现象。

(3)对混凝土的养护工作不到位。混凝土施工时是冬季,环境温度较低,加之水灰比控制及混凝土养护工作的质量控制不严格,导致混凝土存在缺陷,在施加荷载后,混凝土有缺陷的薄弱部位由于应力集中而发生破坏。

(4)施工质量管理混乱,质量控制意识差。钢筋表面附泥、设备管理不严格,半成品、成品保护措施不到位等低、老、坏问题频频出现;专项施工方案、模板工程验算书等前期资料不完善等问题都是导致出现质量问题的必然原因。

4. 问题处理

梁的受力形式为上部受压,下部受拉,处理下部出现的裂缝需加大下部抗拉力,故采用了在裂缝部位埋入钢板的处理措施,经重庆大学建筑工程质量检测中心评定,满足结构安全的要求之后,该工程通过了竣工验收。

第八章 焊缝无损检测

本章列举了无损检测工艺规程、无损检测工艺卡、无损检测人员资格、无损检测部位指定等 11 个典型案例。

【案例 1】无损检测工艺规程

1. 背景

某天然气分输管网工程,要求射线检测 100%。

2. 问题描述

查无损检测项目部工艺规程《XX 公司 XX 工程无损检测通用射线检测规程》,其中描述 "……像质计的使用参照 SY/T 4109—2005,……射线评级参照 SY/T 4109—2005……," 等指导性话语;查其曝光曲线为固定时间,电压 – 厚度曲线,但其现规程中明确说明项目投入三台 XXG2505 定向射线机,但其曝光曲线只有一个,现场人员解释为三台机器为同一厂家生产,性能差不多。

3. 问题分析

(1)工艺规程是相当于公司标准一级的文件,对于项目上的工艺规程,就应当相当于项目上的标准,是所有检测人员赖以编制工艺卡的依据,应当结合公司实际情况与设计指定标准的要求,对每一个方面的技术要求做出明文规定,而不能使用"参照 XX 标准"等术语。

(2)曝光曲线是反映每一台射线机在一定的透照工艺,胶片系统条件下其曝光时间、选用电压、透照厚度三者之间关系的曲线,虽然射线机厂家给定的曝光曲线是一个型号一个曲线,这不能说明这些射线机就可以共用一个曝光曲线,实际上,就是同一台机器在不同的使用时期,我们还要对其曝光曲线做出修正,这就是为什么,一定要一机一曲线。

4. 问题处理

(1)重新编制工艺规程,将标准中的内容,根据工程的实际需要,加入到工艺规程中来,使工艺规程能切实地指导检测人员工作。

(2)要求检测单位对每一台设备做曝光曲线,并制定曝光曲线校验制度。

【案例 2】无损检测工艺卡

1. 背景

某 5 万方储油罐无损检测工程,施工规范为 GB 50128—2005,最底层板厚为 24mm,最上层板厚为 8mm。

2. 问题描述

在检查工艺卡的过程中,发现以下内容:透照厚度填写为 8 ~ 24,电压填写为 150kV ~ 240kV,曝光时间填定为 1 ~ 3min,查其现场操作记录,所有的工艺参数确实能包含在这些范围之内,现场人员解释说这样只是为了省事,其工艺卡没有技术上的问题。

3．问题分析

（1）工艺卡的内容必须要覆盖工程中所有检测对象，但绝不是像标准中一样用一个区间去覆盖，是一一对应的覆盖，一就是一，二就是二，如：厚度为 8mm，电压填写 150kV，曝光时间填写 1min 等，必须使现场检测人员，能准确无误地根据板厚，读出各项参数，拍出合格底片。

（2）现场操作记录中的数据可以说不是来自于工艺卡，而是来自于现场工作人员的经验，也就是说这种工艺卡没有在技术上直到指导作用，是一张毫无价值的工艺卡。

4．问题处理

（1）重新编制检测工艺卡。

（2）进一步检查其现场记录中的参数是否符合其工艺规程及所用标准的要求，所拍底片的各项指标是否合格。

【案例 3】无损检测人员资格

1．背景

长输管道 $\phi 508mm \times 7mm$，50km，设计要求射线检测 100％，联头及穿越段超声 100％，执行标准均为 SY/T 4109—2005。

2．问题描述

某检测公司承揽这一工程，检查中发现，该公司现场共有检测人员 4 人，两个检测机组，每个机组均综合检测 RT、UT；其中王某为项目负责人，持证情况为 RTⅢ、UTⅢ、PTⅡ、MTⅡ，李某为项目技术负责人、评片员，持证情况为 RTⅡ、UTⅡ、PTⅡ、MTⅡ，王某注册单位为该公司，李某为其他单位。另有机组长赵某持 RTⅡ；周某持 UTⅡ；均注册在该公司。王某提出可以用合并检测机组，同时赵某负责评片，周某负责超声报告，而由王某统一审核。

3．问题分析

（1）根据该项目的情况，该项目至少要有 RTⅢ、UTⅢ各一人项，RTⅡ、UTⅡ若干人项，RTⅠ、UTⅠ各两人项。工作分别人Ⅲ级编制工艺、审核报告，Ⅱ级根据记录评定结果、编制检测报告；Ⅰ级以上人员在Ⅱ级和Ⅲ级人员的指导下负责现场操作，做好记录。

（2）该检测项目部现有人员，李某为非法执业，其所出具的检测报告均为无效。

（3）现场机组长证书不全，至少应当持有所从事的检测类别Ⅰ级以上证书。

（4）很多检测项目，在人员报批时资质都是足够的，但是在检测过程中，极容易出现资质不够的情况。

（5）项目负责人王某提出的方案，从资质上讲能符合要求，但是在实际工作中是不可能实现的，故王某的方案不可取，就是该项目人员配备不合格。

4．问题处理

（1）警告并清退李某，对其所出具的检测报告进行复核并重新出具，并按《特种设备安全监察条例》及相关法规，视情节轻重进行处罚。

（2）勒令该公司限期增加检测人员，达到最低限度以上。

【案例 4】无损检测部位指定

1. 背景

某管线,规格为 $\phi 377 \times 10$,射线检测抽查比例为 50% 、Ⅱ 级合格,超声检测比例为 100% 、Ⅱ 级合格。有现场监理,检测焊口由现场监理指定。

2. 问题描述

检查时发现 A - 5、6、7、8、10、11 为 01 号指令所指定焊口,其射线、超声检测结果显示为合格。据现场监理解释,此号段为当天开工每组(每道口两组)焊工的头两个焊口,当询问到为什么 A - 9 焊口不在指定之列时,现场监理张某无合理解释。经抽检,A - 9 号焊口为Ⅳ级片,未焊透 30mm,超声复检结果也为Ⅳ级。

3. 问题分析

(1)现场监理的指令跳过 A - 9 号焊口,有做假嫌疑。

(2)检测单位超声检测工作不到位,存在检测盲点。

(3)可以认为监理公司、施工单位、检测公司三方现场人员存在串通可能。

4. 问题处理

(1)更换现场无损检测监理人员和超声检测人员。

(2)对已检测焊口重新进行超声检测。

(3)由监理公司制定焊口随机抽检规则。

【案例 5】检测比例与合格级别

1. 背景

某集输管网包含了三条 $\phi 108 \times 5$ 的管线,其中 A 为油管,要求检测比例为射线 10% 、Ⅱ 级合格,超声 100% 、Ⅱ 级合格;总长 1km,共计焊口 148 个。B 为油水混合管,要求检测比例为射线 5% 、Ⅲ 级合格,超声 100% 、Ⅱ 级合格;总长 500m,共计焊口 64 个。C 为排空管,检测比例为 50% 超声、Ⅲ 级合格,无射线检测要求;总长 100 米,10 个焊口。

2. 问题描述

现场检查发现,施工单位采取的是地面预制,上架连头的办法,当问及现场监理哪些属于 A,哪些属于 B 时,不能准确回答,且回答为比例肯定够,级别都按射线Ⅱ级,超声Ⅱ级检测;且据施工单位工人回答,没有人指定哪根是 A,哪根是 B,随便用;检测公司的回答是只要比例够了,级别够了,达到指令要求就可以了。

3. 问题分析

(1)施工单位技术人员在技术交底时应当交代 A、B 两种管道的不同级别与用途,并做出相应标识,以免用错。

(2)现场监理没有要求施工单位对所有的焊口进行跟踪记录,没有按不同要求对下不同指令。

(3)检测公司对不同管线的要求不进行了解,只是简单地遵照指令进行检测。

(4)监理公司指定焊口应当少指定预制口,多指定架上的固定焊口。这样才有得于保证焊口质量。

4. 问题处理

（1）由于对质量的级别要求总的不是放松，而是更严格了，所以已经检测上架的焊口没必要重新检测，可以算入检测比例中。

（2）由施工、监理、检测三方对未标识的焊口进行识别，分别下指令，并由现场监理监督预制件的使用情况。

（3）监理在指定焊口时要着重于固定口的抽检。对于油水混合管和排空管，由于预制焊口检测比例相对增大，在总比例一定的前提下，必然会导致固定焊口检测比例相对不足，因此在进行固定口抽检时必须要保证 B 和 C 两种管道固定口的检测数量能够满足其所要求的检测比例。

【案例6】无损检测标准执行

1. 背景

某集气站管线包括 A 管 $\phi 57 \times 4.5$、B 管 $\phi 45 \times 3$，设计要求为"100% 超声探伤，10% 射线探伤复检，Ⅱ级合格；不能进行超声波探伤的管线，进行 20% 射线探伤，Ⅱ级合格；不能进行超声波和射线探伤的焊缝，必须进行 100% 的渗透或磁粉探伤，无缺陷为合格"。

2. 问题描述

在现场发现，所有的管线均以 100% 超声探伤，10% 射线复检为委托比例；检测公司报告也是以此比例出具报告。

3. 问题分析

（1）现场监理没有研究设计图纸说明书，不明白哪些是不能进行超声波探伤的焊缝，哪些是不能进行超声波和射线探伤的焊缝；这种不能，主要是指 SY/T 4109—2005 标准条文适用范围之外的不能，即超声波不能检测的有：壁厚小于 5mm 或外径小于 57mm，或为法兰、弯头与直管相接焊缝，或非对接焊缝。射线不能检测的有：非对接焊缝。由于现场监理对检测标准不熟悉，致使指令错误。

（2）检测公司的指令接收人员应当明了 SY/T 4109—2005 各个部分的适用范围，在接到指令的同时应当先研究指令与标准的符合性，然后才能签字。显然，在这一事件中检测公司现场人员失职。

（3）检测公司工艺卡编制人员技术水平低下，没有按照相关技术标准制定工艺，而是凭空编造工艺卡。

（4）检测公司报告签发人没有对报告的合规性做应有的审核，在明显不符合标准的报告上签字。

4. 问题处理

（1）现场监理指令错误，对现场无损检测监理人员进行更换。

（2）检测公司从报告签发人到现场操作人员或水平低下，或责任心不强，由检测公司更换人员，并建议业主考虑更换检测公司的可能。

（3）由于 A 管、B 管的壁厚范围均小于 5mm，无法进行超声波检测，因此对焊缝进行 100% 射线检测（即以射线检测代替超声检测），对于非对接焊缝等无法进行射线检测的焊缝，进行100% 渗透或磁粉探伤。

【案例7】无损检测底片评定

1. 背景

某长输管线工程,规格 $\phi508 \times 9$,射线 100% 检测,标准 SY/T 4109—2005 Ⅱ级合格。

2. 问题描述

抽查共 10 道焊口,其中有 2 道焊口底片评定情况如下:

A 片:为中心透照片,底片规格为 1650mm×80mm,底片质量良好,发现 600mm 处有气孔,评定框中 $\phi2 \times 3$,计 6 点,另有一条孔,与评定框相割,长 5mm,宽约 1.2mm。原评级为Ⅱ+Ⅱ-Ⅰ=Ⅲ级。

B 片:为连头口,双壁单影透照,连续铅尺定位,每道口拍六片,底片规格 360mm×80mm,一号片 252~260 位置有条渣 8mm,二号片分别在 300~310、420~430 处各有条渣 9mm,三号片 530~540 位置有根部未透 10mm,三片分别评为Ⅱ级,整道焊口Ⅱ级合格。

3. 问题分析

(1)A 片综合评级错误,根据 SY/T 4109—2005,不能对同属于圆形缺陷评定区内缺欠进行综合评级,应判为Ⅱ级,现场评片人员依据的是自身经验或其他标准的要求进行评定,属错判。

(2)B 片属于错判,根据 SY/T 4109—2005 中对于综合评级的要求,"任何连续 300mm 的焊缝长度中,Ⅱ级对接接头内条状夹渣、未熔合(根部未熔合和夹层未熔合)及未焊透(根部未焊透或中间未焊透)的累计长度不超过 35mm"而在此焊口中,自 252~540,只有 298mm 长的焊缝,应当将四个缺欠计算总长,即 8+9+9+10=36mm,总长评定为Ⅲ级。

4. 问题处理

(1)对于 A 号口,属于过严,没有对管线的客观质量造成下降,经批评改正后,评片人员端正认识,正确评片即可。

(2)对于 B 号口,由于属于将不合格的焊口放行了,必须重新返修(因 100% 检测,所以没有必要进行扩探),如实有困难,应上报监理,业主各方签署备忘存档。

【案例8】无损检测报告

1. 背景

查某长输管线工程,规格 $\phi508 \times 9$,射线 100% 检测,标准 SY/T 4109—2005 Ⅱ级合格。

2. 问题描述

查射线报告 10 份,发现其中监理工程师签字一栏均为现场监理签字,且此人无任何部门颁发的射线检测Ⅱ级证。检测公司评片员李某射线Ⅱ级证收将于 5 月 30 日到期,工程将跨此日期,检测记录操作人张某为射线Ⅰ级人员;另外:有一份报告评定结果栏中均为Ⅰ级,但在缺陷情况一栏中却有多处Ⅱ级缺陷,与底片评定记录相同。检测人员当时解释为电脑粘贴复制所致。

3. 问题分析

(1)Ⅱ级人员的资质可以延期,但是要按规定办理延期申请,经批准后生效;李某的射线Ⅱ级将到期,且无经过批准的延期申请,所以在 5 月 30 日以后,不能认为李某具有Ⅱ级资格。

如果李某届时能出具当地考委会复试成绩单,也可视为具有Ⅱ级资格。

(2)张某作为射线Ⅰ级人员,可以在Ⅱ级的指导下进行现场操作,但在签署检测记录时应由张某和指导张某的Ⅱ级人员共同签字。

(3)检测报告无论因何种原因出现的评级错误,均应视为无效,应重新签发。如有将不合格的记录,发成合格报告的情况,则应以作假嫌疑追究报告编制、审核人员的责任。

4.问题处理

(1)监理公司改派具有国家质监总局颁发的射线检测Ⅱ级或以上的人员来担任无损检测监理工程师,履行监理职责并签字。

(2)检测公司将李某证书向主管部门办理延期,或在李某复试后至成绩公布之间增派一名Ⅱ级人员。

(3)由检测公司认真检查报告,并将错误的报告重新打印,签字。

【案例9】射线检测现场

1.背景

查某长输管线工程,规格 φ508×9,射线 100% 检测,标准 SY/T 4109—2005 Ⅱ级合格。

2.问题描述

在检查过程中发现,有检测人员在检测合格段进行无损检测活动,经查:检测人员系该标段检测承包商某检测公司员工,现场无委托单、无检测派工单,管线上已经贴好的两个片联上显示:日期均为三天前日期;A片焊口号与实际焊口不符;B焊口有明显的返修痕迹,但片联上无返修"R"标识。经检查人员跟踪至项目部检查:A焊口原始片划伤严重,底片质量不合格,但上报为Ⅰ级片合格;B焊口有明显密集气孔,Ⅳ级片。

3.问题分析

(1)这是一起严重的作假行为。

(2)A片的原因只是暗室人员不小心、或洗片机存在问题将底片划伤,本可以重照,但检测公司以工程进度为由,自作主张,签发了合格报告,然后在他处做假片。

(3)B片有缺陷不正常上报,与施工单位串通,返修后补片,日期提前,这是典型的串通提高一次合格率的做法。

4.问题处理

(1)对A片重新进行检测,防腐返工费用由检测公司负责,B片作为返修重新上报。

(2)依据有关规定对检测公司、施工单位的相关人员进行处理。

【案例10】超声波检测现场

1.背景

某长输管线,规格为 φ355×6,射线 100% 检测,标准 SY/T 4109—2005 Ⅱ级合格;穿跨越段、联头段增加 100% 超声复检,标准 SY/T 4109—2005 Ⅱ级合格。

2.问题描述

在对某穿河段的检查过程中,发现以下问题:

(1)检测人员使用的探头为 2.5P13×13K2,工艺卡要求为 5P8×8K3,两者不符,记录上也记录为 5P8×8K3。

（2）现场耦合剂为清洁剂,经查,所有检测记录为合格的焊口的 6 点位即正仰焊位置,没有涂刷清洁剂,其他部位不同程度刷有清洁剂,个别地方在离焊缝 36mm 内飞溅严重也刷了清洁剂。

（3）有五道焊口已经做完记录,但到检查时尚未检测。

3. 问题分析

（1）工艺卡选用的探头符合标准,检测人员明知要求,错用探头,本次检测为无效检测;检测人员将记录记为与工艺卡一致的内容,属做假行为,应按做假处理。

（2）仰焊部位没有耦合剂,属于没有检测,记录为合格,属做假行为。

（3）飞溅部位无法检测,检测人员仍然进行了超声检测,属要求不严,检测无效。

（4）个别地方耦合剂刷涂部位不足 36mm,按标准移动区不小于 2×3×6,应为每侧至少 36mm,属漏检行为。

（5）没有检测的焊口就做完了记录,明显属于做假。

4. 问题处理

（1）整段焊缝重新超声波检测。

（2）对检测公司、检测人员应按有关规定从重处理。

【案例 11】渗透检测现场

1. 背景

某成品油罐区扩建工程,8 具 10000m³ 储罐,施工规范为 GB 50128—2005,要求应对罐底板三层重叠钢板部分的搭接接头在根部焊道焊完后,在沿三个方向各 200mm 范围内,进行渗透检测,全部焊完后,再进行渗透检测或磁粉检测。

2. 问题描述

在对 102 号罐的检查过程中发现,委托单要求对根部焊道做渗透检测,现场检查有工艺卡、记录,均未发现技术错误。对现场检查时发现,检测后没有进行后清洗工作,显像剂全部残留在角焊缝上,部分焊缝上及周边区域无任何红色显示。

3. 问题分析

（1）现场检测人员对后清洗工作认识不够,由于显像剂具有吸附性质,可以吸收水分,因此可能导致焊缝锈蚀;渗透检测剂不进行后清洗,也将对后续的焊接工作造成影响,产生有害气体,并可能造成焊接气孔。

（2）根据部分焊缝及周边区域无红色显示,可以认定存在作假行为,该段焊缝的渗透检测无效。

4. 问题处理

（1）重新进行渗透检测。

（2）严格执行检测程序,检测完成后按规定进行后清洗。

（3）对检测单位和检测人员按规定从重处理。